核エネルギーの時代を拓いた
10人の科学者たち

馬場 祐治
Yuji Baba

あまりに早く発見されすぎた「核分裂」
—— その発見の歴史から学ぶ、これからの核エネルギー

マックス・プランク

アーネスト・ラザフォード

リーゼ・マイトナー

ジェームズ・フランク

ニールス・ボーア

レオ・シラード

アーサー・コンプトン

エンリコ・フェルミ

ヴェルナー・ハイゼンベルク　ロバート・オッペンハイマー

総合科学出版

JN064262

はじめに

　本書では、核分裂の発見と、それに関連する研究にかかわった10人の科学者を取り上げ、その生涯をたどっていこうと思います。取り上げた10人の科学者とは、次の通りです。

　1. マックス・プランク（1858 - 1947）
　2. アーネスト・ラザフォード（1871 - 1937）
　3. リーゼ・マイトナー（1878 - 1968）
　4. ジェームズ・フランク（1882 - 1964）
　5. ニールス・ボーア（1885 - 1962）
　6. レオ・シラード（1889 - 1964）
　7. アーサー・コンプトン（1892 - 1962）
　8. エンリコ・フェルミ（1901 - 1954）
　9. ヴェルナー・ハイゼンベルク（1901 - 1976）
　10. ロバート・オッペンハイマー（1904 - 1967）

　2011年3月に起こった福島第一原子力発電所の事故以来、原子力や放射線に対する不安や恐れが広がりました。放射線は目に見えませんし、においもしませんから、危険だと言われてもそれを肌で実感することができません。ですから一層不安になります。
　一方、世界情勢に目を向けると、核保有国における核兵器削減の動きは一向に進んでおらず、私たちを不安に駆り立てます。
　このような、私たちの不安のきっかけを作った科学史の発見とは何でしょうか？
　それは1938年12月に成された**「核分裂」の発見**に他なりません。

もちろん、これは世紀の大発見であり、発見者の**オットー・ハーン**（1879-1968）は、その6年後の1944年にノーベル化学賞を受賞しています。ただ、核分裂という現象は、**「あまりにも早く発見されすぎた」**ため、その後数々の問題を引き起こしました。そのことを最初にちょっと説明しましょう。

　原子力発電も核兵器も、すべて原子核のエネルギーを使っています。ですからここでは、これらをまとめて**「核エネルギー」**と呼びましょう（ちなみに、「原子力」という言葉は "nuclear energy" の訳ですが、「原子」も「力」も間違っています。「原子」は「核」でなければならず、「力」は「エネルギー」でなければならないので、要するに「原子力」は、正確に言えば「核エネルギー」のことです。本書でも、固有名詞以外はできるだけ「核エネルギー」を使います）。

　現在使われている核エネルギーというのは、ウランなどの重い原子が2つに分裂するとき、すなわち核分裂の際に出るエネルギーのことです。

　さて、エネルギー源というと、皆さんは何を思い浮かべるでしょうか？
　石油や石炭などの化石エネルギー、また最近では、太陽エネルギーや風力エネルギーなどの自然エネルギー（再生可能エネルギー）などを挙げる人が多いと思います。また、これらのエネルギーを輸送したり貯蔵したりするには、熱エネルギー、電気エネルギー、化学エネルギー（水素エネルギーなど）などが使われます。
　これらのエネルギーは、すべて同じくらいの大きさを持っているから互いに変換することができるのです。
　たとえば、化学エネルギーを電気エネルギーに変換するのが電池であり、火力発電では化学エネルギーを熱エネルギーに変換し、それをさらに電気エネルギーに変換しています。少し専門的に言うと、これらのエネルギーの大きさというのは、1個の原子が関与するエネルギーにすると、たかだか「数電子ボルト」くらいです（1電子ボルトというのは、1ボルトの電圧によって電子1個が加速されるエネルギーです）。
　これに対して、核エネルギーの場合はどうでしょうか？

たとえば、1個のウラン原子が核分裂すると、「1億電子ボルト」以上のエネルギーが発生します。つまり、私たちが日常的に使っている化石エネルギーなどの、なんと1億倍ものエネルギーが発生するのです。

　これほど大きなエネルギーが発生するのは、「質量とエネルギーが同等である」という<u>アインシュタイン</u>(1879-1955)の相対性理論に基づいています。つまり、ウラン原子核の持つ質量がエネルギーに変換したことに由来します。要するに、**核エネルギーというのは、私たちが使うエネルギーとしては、けた違いに大きすぎるのです。**

　そのため、この核エネルギーを熱エネルギーなどに変換して、少しずつ使おうとしても、なかなかエネルギーを1億分の1まで落として制御することが難しく、時によっては、あのような原発事故を起こしてしまいます。また最初のエネルギーがあまりにも大きいため、最終的に全部効率よく使いきることができず、余ったエネルギーが放射性廃棄物として残ってしまいます。

　科学や技術というのは、徐々に進歩するものです。時として大発見や大発明などのブレークスルーがあって飛躍的に進歩することもあります。しかしそれでも、たとえばコンピュータの進歩を見てもわかる通り、そのような飛躍的な進歩も、せいぜい前の2倍とか10倍といった飛躍でしょう。

　核エネルギーのように、いきなり1億倍になるなどという例はほかにありません。それが、先に述べた、**「核分裂が早く発見されすぎた」**と考える理由です。

　このように、けた違いに大きなエネルギーが原子核から放出されるということは、ウランの核分裂の発見が発端となっています。それは、先に述べた通り1938年12月22日のことでした。発見者はドイツの化学者、<u>オットー・ハーン</u>(1879-1968)と、<u>フリッツ・シュトラスマン</u>(1902-1980)という人です。このときの実験装置と、実験の結果を記録したノートは、ドイツのミュンヘンにあるドイツ博物館に展示されています。

　科学における重要な発見というのは、発見者本人の才能や努力によるものであることは言うまでもありません。けれども、その発見に至る過程やその後の進展に、他の多くの科学者が重要な役割を果たしていることも事実で

す。極論すれば、ある大発見に関して、「もしその人が発見できなくても、いずれは他の科学者が発見していたであろう」ということも言えるでしょう。核分裂の発見は、まさにそのような例かもしれません。

しかし、先に述べた通り、こと核分裂の発見に関しては、その後の原発事故や核兵器の開発から考えると、科学の歴史において、ちょっと早すぎたのではないでしょうか。あまりにも早く発見されすぎたため、核エネルギーを上手に使うという技術を、人類はまだ完全に手にしていません。

オットー・ハーンとフリッツ・シュトラスマンが核分裂を発見した実験装置（上）と実験ノート（下）（ミュンヘン、ドイツ博物館、撮影著者）

ではいったい、私たちはどうしたらよいでしょうか？

もっとも、そのような大問題を、ひとりの人間が1冊の本で説明するのは不可能です。

ただ、次のことは言えると思います。核エネルギーや放射線は確かに制御が難しく、数々の問題を引き起こしてきました。しかし、**一度「発見されてしまった」現象を人類は放棄することは難しく、これらを今後どう安全に、有用に生かしていけるかの研究開発は絶やすことはできません。**

実際、核エネルギーや放射線はこれまで、エネルギー源としてだけではなく、レントゲン写真、CTスキャン、放射線治療などの医療分野、タンパク質、DNAなどの構造を調べる生命科学分野、先端材料の分析や構造解析などの

物質科学分野などで大いに役立ってきました。さらに、既存の原子力発電に変わる新しい安全な核エネルギー利用、放射性廃棄物の無害化、制御された放射線（最近は「量子ビーム」と呼ばれる）の利用など、さまざまな研究開発も始まっています。

　このような研究さえ絶やさなければ、ひょっとして、あるときブレークスルーが起き、考えもしなかった理論や発見が生まれる可能性もあるでしょう。

　将来を考えるには、歴史に学ぶことが最も近道です。そこで本書では、これからの核エネルギーに関する研究開発の在り方を考えるために、**なぜ「核分裂」がそれほど早く"発見されてしまった"のか、**その理由を時代背景とともに探っていこうと思います。

　そのために、核分裂の発見の前後に、この問題にかかわった10人の科学者の足跡をたどり、彼らが何をしようとしたのか、何を発見したのかについて、できるだけわかりやすく述べていこうと思います。そうすることにより、少しでも今後の核エネルギーの利用に関する何らかのヒントが得られるのではないかと思います。

　改めて言うまでもなく、科学は多くの科学者たちの研究や成果が積み重なって発展してきました。核分裂の研究もまたそうであり、戦争という時代が加速させてしまったという歴史があります。

　核分裂が発見された1938年という年は、まさに第二次世界大戦前夜であり、そのことが不幸にして、核エネルギーの平和利用よりも原子爆弾の開発競争へと発展してしまいました。

　核分裂にかかわった科学者はどう考えていたのでしょうか？

　そのことに関する彼らの苦悩についても触れようと思います。

　もちろん、核分裂の発見者である<u>オットー・ハーン</u>と、その理論的基礎を与えた<u>アインシュタイン</u>は、本書の中心人物です。ただ、この2人に関する話は、本書の随所に出てきますし、多くの本で語られていますのであえて省きました。

　そこで本書では、一般にあまり知られていない科学者も含めて、この2人、アインシュタインとオットー・ハーンをとりまく10人の科学者たちを中心

に話を進めていこうと思います。

　なお、本書では本文中に登場する主要な科学者にはアンダーラインを付しています。有名無名を問わず、いかに多くの科学者たちが戦争に翻弄されながらも研究に関わってきたかを想像できるかと思います。

馬場　祐治

2020 年 6 月

Contents

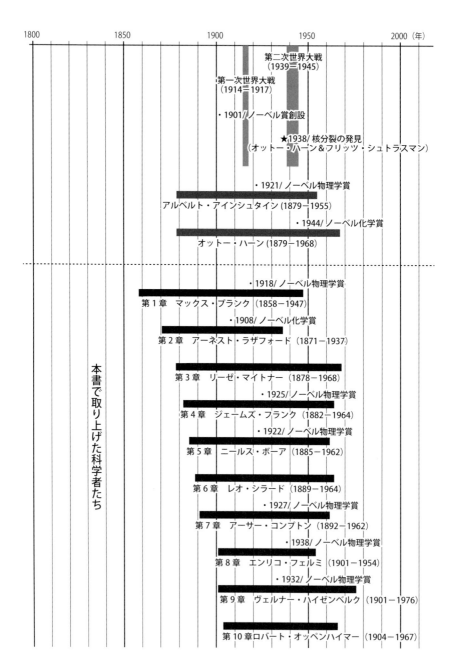

1800　　　　　1850　　　　　1900　　　　　1950　　　　　2000（年）

第二次世界大戦
（1939－1945）

第一次世界大戦
（1914－1917）

・1901/ ノーベル賞創設

★1938/ 核分裂の発見
（オットー・ハーン＆フリッツ・シュトラスマン）

・1921/ ノーベル物理学賞
アルベルト・アインシュタイン（1879－1955）

・1944/ ノーベル化学賞
オットー・ハーン（1879－1968）

本書で取り上げた科学者たち

・1918/ ノーベル物理学賞
第1章　マックス・プランク（1858－1947）

・1908/ ノーベル化学賞
第2章　アーネスト・ラザフォード（1871－1937）

第3章　リーゼ・マイトナー（1878－1968）

・1925/ ノーベル物理学賞
第4章　ジェームズ・フランク（1882－1964）

・1922/ ノーベル物理学賞
第5章　ニールス・ボーア（1885－1962）

第6章　レオ・シラード（1889－1964）

・1927/ ノーベル物理学賞
第7章　アーサー・コンプトン（1892－1962）

・1938/ ノーベル物理学賞
第8章　エンリコ・フェルミ（1901－1954）

・1932/ ノーベル物理学賞
第9章　ヴェルナー・ハイゼンベルク（1901－1976）

第10章 ロバート・オッペンハイマー（1904－1967）

第 *1* 章

マックス・プランク
（1858 – 1947）
―量子の世界を切り拓いたパイオニア―

マックス・プランクは、現在でもドイツで最も尊敬されている科学者の一人です。ドイツには戦前から、皇帝の名にちなんだ「カイザー・ウィルヘルム協会」という大きな研究組織がありましたが、プランクが亡くなった翌年の 1948 年に、その名を「マックス・プランク協会」と変更しました。

このマックス・プランク協会は、現在自然科学から人文科学、社会科学に至るまで幅広い分野の研究を行なっていて、その研究所の数は 83 にものぼります。2019 年時点で 18 名ものノーベル賞受賞者を輩出した世界的な研究機関と言えます。ドイツでは科学の研究者でなくても、一般の子供でも「マックス・プランク」をよく知っています。

プランクは、理論物理学の分野において偉大な業績を残しました。ただ、理論物理学というと、なかなか一般人には理解が難しく、何が偉いのかよくわかりません。しかしプランクの名声は、**彼の理論が「量子力学」という物質のミクロな世界を支配する原理のさきがけとなったことにあります。**

プランク自身は、後の核分裂の発見に直接関与していませんが、彼の理論なくしては核分裂の発見もなかったと言えます。また、本書で取り上げた核分裂の発見者のひとりである**<u>リーゼ・マイトナー</u>** (3 章) を指導するなど、**教育面でも重要な役割を果たしました。**まさにマックス・プランクは核エネルギー時代への道を拓いた先駆者と言えます。

では、そのプランクとは、どのような人だったのか、その生涯を見ていきましょう。

マックス・プランクは、1858 年にドイツのホルシュタイン州の州都であるキールという町で生まれました。

キールはドイツの北の端に位置し、デンマークとの国境に近い町です。実際この地は、1460 年にデンマークによって併合され、1544 年にデンマーク王家の分家である「ホルシュタイン・ゴットルプ家」によって支配されました。その後しばらくデンマーク領だったのですが、第二次シュレー

スヴィヒ・ホルシュタイン戦争（1864）と普墺戦争（1866）を経て、1866年に現在のドイツの元となったプロイセン王国に併合されました。

　つまりプランクが生まれたときは、ここはデンマークだったのです。ですからプランクはデンマーク人と言えなくはありません。ただ、ヨーロッパは国境が次々と変わりますし、ある人を「何々人」と決めつけるのもあまり意味がありません。最低限、プランクはドイツ語を話すドイツ系の人だったとは言えるでしょう。

教育者・研究者の家系

　プランクの家族は非常に知的で、彼の父方の曾祖父と祖父は、いずれもゲッチンゲン大学の神学の教授でした。彼の父親も、キールとミュンヘンで法学の教授をしていました。マックス・プランクは6番目の子供でしたが、父親が再婚していたため、彼の兄弟のうち2人は、父親の一番目の妻の子でした。

　プランクが幼少の頃、先に述べた第二次シュレスヴィヒ・ホルシュタイン戦争がありました。この頃はすでにプロイセン軍が優勢で、彼の脳裏には、幼少期の強烈な記憶として、キール市内を行進するプロシア軍とオーストリア軍の行進が鮮明に残っていました。

　プランクが9歳の頃、一家はミュンヘンに引っ越しました。ミュンヘンでプランクはギムナジウムに入学します。ギムナジウムというのは、大学に入る前の学校で、日本で言えば高等学校に相当しますが、もう少し長く、いわば中高一貫教育のような学校です。ミュンヘンのギムナジウムで、プランクは、ヘルマン・ミュラーという先生の教えを受けました。

数学・天文学・力学を学ぶ

　ミュラーは数学者でしたが、プランクの才能をいち早く見抜き、彼に数学だけでなく、天文学や力学なども教えました。プランクはこのとき、**エネルギー保存則**という、エ

ネルギーに関する基本的な法則を学んでいます。

このようにプランクはギムナジウムで、はじめて物理学と出会い、非常に優秀な成績で、いわば飛び級でギムナジウムを卒業し、ミュンヘン大学に進みました。

**音楽の道に進むか、
物理学の道に進むか**

ところで、先ほどプランクは知的な家庭に育ったと書きました。その中でも特に音楽に関しては熱心で、家庭内でコンサートも催されていました。実はプランク自身にも音楽の才能があり、彼は歌のレッスンを受け、ピアノ、オルガン、チェロも巧みに演奏したのです。また若い頃は、歌やオペラの作曲もしたと言われています。プランクは、音楽の道に進むか物理学者になるか悩みました。

歴史に「もし」はありませんが、仮にプランクが音楽家の道を選んだなら、その後の物理学の発展は、大きく違ったものになったでしょう。結局悩んだ末、彼は物理学の道を選んだのです。

**物理学の分野は研究
し尽くされた分野？**

さて、ミュンヘン大学の物理学教授であった**フィリップ・フォン・ジョリー**（1809-1884）という人は、プランクを指導したとき、彼が物理学の道に進むことに対して否定的でした。それには理由がありました。ジョリーはプランクにこう言いました。

「物理学の分野は、もうほとんどすべてのことがわかっている。残された研究は、ほんの少しの小さな穴を埋めていくようなものだ」

実は、ジョリーのような考え方は、この頃の物理学者にはよくある考え方でした。**ニュートン**（1642-1727）の力学はすでに不動の理論となっており、**ファラデー**（1791-1867）から新しく起こった電磁気学も、1864 年の**マックスウェル**（1831-1879）の方程式をもって確立されたとみなされていました。物理学界には、一種の倦怠感が漂っていて、若い物

理学者が、このような偉大な理論を覆すようなことは考えにくかったからです。

　ジョリーの助言に対してプランクは答えました。

　「私は、新しいことを見つけようとは思いません。ただ、この分野の基礎的なわかっている事実を理解したいだけです」

　このような雰囲気の中で、プランクの研究生活は、ジョリーの指導の下、1874年にミュンヘン大学でスタートしました。

　プランクはそこで、彼の研究生活において唯一とも言える実験を行ないました。というのは、ドイツの大学では、たとえ理論家といえども学位を取るためには実験を行なうことが必修となっていたからです。

プランク、実験に挑戦　　プランクが挑戦したのは、加熱した白金を透過する水素の拡散に関する実験でした。実はこの研究は現代でも非常に重要なテーマで、白金のような貴金属の中を、どのくらい、どのように水素のような小さな分子が拡散していくのかということは、触媒や電池などの研究においても非常に重要なのです。この実験にどのくらいプランクが満足したのかはわかりませんが、結局その後、彼の興味は、理論物理学に移っていきました。

ヘルムホルツ、キルヒホッフらの下で学ぶ　　1877年、19歳の彼は1年間、ベルリンにあるフィリードリッヒ・ウィルヘルム大学（現在のフンボルト大学ベルリン）に、いわば国内留学します。そこで物理学者の**ヘルマン・ヘルムホルツ**（1821-1894）と**グスタフ・キルヒホッフ**（1824-1887）、数学者のカール・ワイエルシュトラス（1815-1897）の下で学びました。

　これらの人はいずれも科学史に残る大学者で、とくにヘルムホルツは、**「熱力学の第一法則」**の発見者、キルヒホッフは**「電気回路におけるキルヒホッフの法則」**の発見者と

して有名です。彼らに会ったときの印象を、プランクは後年、次のように書いています。

「講義のとき、ヘルムホルツは、何も準備しないでゆっくりと話しはじめ、いくつも計算間違いをし、聴衆を退屈させた。一方、キルヒホッフは、非常によく準備して講義をしたが、それは無味乾燥で、単調なものであった」

かなりの皮肉ですが、要するに一流の研究者というのは、必ずしも一流の教育者ではないということでしょう。

そんなわけで、ベルリンでプランクは、彼らから学ぶというよりは、ほとんど自分で本を読むなどして独学しました。その中で、**クラウジウス**（1822-1888）の著作をむさぼるように読みました。

熱力学への傾倒　クラウジウスは、ヘルムホルツの熱力学第一法則や熱力学第二法則を定式化したり、**エントロピー**という概念を初めて提唱するなど、熱力学の分野の重要な基礎を築いた人です。クラウジウスの影響により、プランクの興味は、しだいに熱力学に傾いていきました。そのことが、後の偉大な発見につながります。

「熱力学の第二法則について」という博士論文　1879 年に、プランクは博士論文を提出しましたが、その題名はやはり「熱力学の第二法則について」でした。その翌年に彼は教授資格論文を提出しました。

この「教授資格論文」というのは、ドイツでは「ハビリタツィオーン」（Habilitation）と呼ばれていて、大学の教授になるための非常に難しい試験です。博士論文を出してからしばらく研究キャリアを積んだ人が、博士論文より分厚い第二の博士論文を書かなくてはならないのです。おまけに、試験のひとつとして「公開授業」をしなくてはなりません。そこには大学の教官だけでなく一般の学生も参加します。つまり、「わかりやすく教える」という能力も試されるわけです。

たいていの人は、博士論文を出してから教授資格を取るまで数年かかるようですが、プランクはなんと翌年の 1880 年に教授資格を得ています。その論文の題名は、やはり熱力学に関係した「異なる温度における均一な物質の平衡状態について」というものでした。

ただ、教授資格を取得しても、なかなか教授職を得るのは難しかったようで、プランクはしばらくの間、ミュンヘンで無給の講師をしていました。そして研究のポストが空くのを待ちました。最初の頃は、プランクの研究は、あまり学会でも注目されませんでしたが、彼はコツコツと熱力学に関する研究を進め、いくつか熱力学の重要な原理を見つけ出していきました。かつて本で学んだクラウジウスのエントロピーの概念は、彼の研究の中心を占めていました。

キール大学の理論物理学助教授に就任

さて、やっとのことで、1885 年、27 歳のときにプランクは生まれ故郷のキールにあるキール大学の理論物理学の助教授になりました。彼はそこで、エントロピーとその定式化に関する研究を進め、それを物理化学に応用しました。また、電気分解に関する**アーレニウスの理論**（**スヴァンテ・アレニウス**：1859-1927：スウェーデンの科学者。物理化学の創始者のひとり。1903 年、電解質の解離の理論によりノーベル化学賞受賞）の熱力学的な基礎を提案しました。

この頃、プランクはマリーという女性と結婚しています。彼女はプランクの学友の妹でした。2 人は、キールのアパートで新しい生活を始めます。そしてやがて 2 人の間にはカール (1888–1916)、双子の エマ (1889–1919) とグレーテ (1889–1917)、そしてエルウィン (1893–1945) という 4 人の子供ができました。これだけ見ると、プランクは幸福な新婚生活を送ったかに見えます。しかし、後述するように、カールとエルウィンには、後に悲劇が訪れます。

さて、キール大学で4年ほど過ごしたのち、1889年、31歳の彼は、かつて国内留学したことがあるベルリンのフリードリッヒ・ウィルヘルム大学に戻ります。そのポストは、かつて彼が学生時代に教えを受けたキルヒホッフの後継者というものでした。このポストに就くにあたっては、やはりベルリンで指導を受けた、ヘルムホルツの推薦があったと思われます。

ベルリンでの生活はプランクにとって楽しいものでした。最初、プランク一家はアパートに住んでいましたが、やがて一軒家の住宅に移りました。その住宅の近所には、ベルリン大学の何人かの教授が住んでいました。そしてやがてプランクの家には多くの知識人が訪れ、一種の文化センターと化しました。

アインシュタイン、オットー・ハーン、リーゼ・マイトナーらと交わる　その中には、多くの著名な科学者、たとえば<u>アインシュタイン</u>（1879-1955）、核分裂の発見者である<u>オットー・ハーン</u>（1879-1968）、<u>リーゼ・マイトナー</u>（1878-1968：3章）などもいました。また、プランクの師であるヘルムホルツの家では、しばしば音楽会が催されるのが恒例となっており、音楽の才能があったプランクも、当然ながら演奏に参加しました。

黒体輻射とは　このように、知的な、そして楽しいベルリンで、プランクが最も関心を寄せた物理学のテーマは**「黒体輻射」**に関するものでした。

ここで黒体輻射についてちょっと説明しましょう。

固体の温度を上げていくと、だんだんと光りだします。炭が赤く輝いているのも、星が青白く光っているのも、温度が高いからです。この光の色、つまり波長分布が、固体の温度のみに依存するということは、プランクの師のキルヒホッフによって1859年にすでに発見されていました。こ

の原理は、現代でもサーモグラフィー（放射温度計）として様々な分野で使われています。たとえば、空港などで、カメラを使って入国者の体から放出される赤外線の波長分布を図り、体温を測定する装置などです。

ここで、なぜ「黒体」と言うのかですが、これは何も光を反射しない物体という意味です。たとえば、月が光っているのは、月の表面の温度が高いからではなく、単に太陽の光を反射しているだけです。ですから、すべての光を吸収し、なにも光を反射しない物体ということで「黒体」と呼ぶのです。

実はプランクは、ある電気会社から、「最小の電力で最大の明るさを持つ電球を作れないか？」という問題についての解決を依頼されていました。これはもちろん現代でも重要なテーマで、省電力LEDの開発などは、この最たる例です。

それにしても理論物理学者への依頼としてはずいぶんと実用的な課題です。しかし、ここが科学研究のテーマ設定にとって重要なところで、どんな難しい理論でも、世の中を変えるような重要な理論というのは、このような実用的な課題を解決することがきっかけとなっていることが多いということです。

そう言えば、アインシュタインが特許局に勤めながら、相対性理論、光電効果などの偉大な理論を打ち立てたのも、「何が実用的に重要か」ということを適確に理解していたからにほかなりません。

光の振動数と温度との関係式　さて、その黒体輻射の問題というのは、具体的に言うと、先に述べた1859年に前述のキルヒホッフによって発見された現象において、「黒体から発せられる電磁波（光）の強度は、光の振動数（波長、つまり光の色）と黒体の温度にどのように関係しているか？」という問題でした。つまり温度が

上ると、赤い色からだんだん青白い色の光に変わっていき
ますが、その光の振動数と温度の関係式を求めるというも
のでした。しかし、当時、どの理論も実験を再現すること
はできませんでした。**ウィルヘルム・ウィーン**（1864-1928：
1911 年、熱放射の諸法則に関する発見によりノーベル物理
学賞受賞）は、いわゆる**「ウィーンの法則」**を提案してい
ました。その式は振動数の大きい部分をよく再現すること
ができましたが、低振動数の方は再現できませんでした。

　この問題に関して、プランクは 1899 年に、これを解決す
るための最初の理論を提案しました。しかし、やがて実験
は彼の理論を全く再現しないことがわかり、プランクは意
気消沈してしまいます。そこで、翌年、プランクは最初に
提案した理論を大幅に改定し、19 世紀最後の年である 1900
年 10 月 19 日のドイツ物理学会で発表しました。この改定
理論は、実験的に観測された黒体輻射のスペクトルを実に
よく再現しました。しかし、このとき彼が用いた式には、
エネルギーが量子化されているということ、つまり光が「粒」
になっているということは含まれていません。

　ところが、その翌月の 1900 年 11 月、プランクは、彼が
得意としていた熱力学の第二法則に関する**ルードヴィッヒ・
ボルツマン**（1844-1906：オーストリアの物理学者。熱力学、
電磁気学、統計力学で有名）の統計的解釈を使って、さら
に式を改定しました。そもそもプランクは、ボルツマンの
理論に関して深い疑念を抱いていたので、それを使うとい
うのは、苦渋の選択でした。

　のちにプランクはこう言っています。

　「絶望的な行為だ……、私は、物理に関するこれまでの確
信をすべて犠牲にする用意がある」

　彼が新しい式を導いた時の中心的な仮定は、光（電磁波）

のエネルギーは、基本的な単位の倍数になっているということでした。これを式で書くと、

光（光子）のエネルギー ＝ ｈ × 光の振動数

光エネルギーは基本
的な単位の倍数にな
るという「量子仮説」
を提唱する

となります。ｈはプランクの定数として知られている値です。ここで重要な点は、エネルギーの最小単位は、光の振動数ではなくて、（ｈ × 光の振動数）で表されるということです。現代では（ｈ × 光の振動数）で表されるエネルギーを持つ粒子のことを「光子」と呼んでいます。

　つまり、それまではすべての物理量（たとえば、長さ、重さ、エネルギーなど）は連続的に変わるものでした。現在でも私たちの感覚では、こういった量というのは連続的に変わると感じます。しかし、プランクは、光に関しては、その**エネルギーが「飛び飛びの値をとる」**という大胆な仮説を提案したのです。

　このプランクの理論は**「量子仮説」**と呼ばれています（のちにアインシュタインによって提唱された「光量子仮説」とは区別される）。

　この大胆な仮説の提案に関して、後年、プランクはこう言っています。

　「量子化というのは純粋に形式的な仮定にすぎない。……わたしは、その意味についてあまり考えることはなかった」

理論と実験が合うよ
うに仮定する !?

　つまり、光のエネルギーが飛び飛びであるということについて、プランクは何か根拠があってそう考えたのではなく、単に理論と実験が合うように無理やりそう仮定したのです。そのことは何も非難されるものではありません。これは科学の世界ではよくあることです。たとえばニュートンも、万有引力がなぜ生じるかという本質的なことは考えず、ただ「式でこう表される」ということを証明したにすぎません。

今日では、プランクの提案した量子化という考え方は、古典力学とは相入れないものであり、後の量子力学を生んだ元になったものとみなされています。そして、**量子化という概念こそ、プランクの最も大きな業績**と考えられています。(ちなみに、ボルツマンは、プランクより先に1877年の理論に関する論文の中で、物理系のエネルギー状態が、飛び飛びである可能性について触れています)

　プランクの定数の発見によって、ミクロな世界における色々な物理定数を普遍的に定義することができるようになりました (たとえば、プランクの長さ、プランクの質量など)。この量子化という新しい物理学の分野に対する基礎的な貢献によって、彼は1918年にノーベル物理学賞を受賞しました。

　ところで、先に述べた量子化の本質についてですが、実はその後、プランク自身、その本質的な意味を明らかにしようと試みています。しかし、その試みはすべて成功しませんでした。プランクは次のように回想しています。

　「量子の振る舞いを古典理論と融合しようとした私の無駄な試みは、数年間にも及び、それはさらに私に苦悩をもたらした」

第一次世界大戦に翻弄される

　さて、ベルリンで輝かしい研究成果をあげたプランクですが、一方では彼の私生活のほうで悲しい出来事が続きます。結婚してからしばらく楽しい時代が続きましたが、1909年、妻のマリーが結核で亡くなっています。1911年にプランクは第2の妻であるマルガと再婚しますが、この頃のドイツは、第一次世界大戦前夜の暗い時代で、プランク自身も政治に翻弄されます。

　プランク自身は表面的にはドイツ政府側に立ち、**フリッツ・ハーバー** (1868-1934：1918年ノーベル化学賞。「化学

兵器の父」と呼ばれることも）、X **ヴィルヘルム・レントゲ
ン**（1845-1923：X 線発見の功績で 1901 年ノーベル物理学賞
受賞）らと共に、1914 年 **「93 人のマニフェスト」に署名**
しました。これは、ドイツの知識人 93 人が発表した声明で、
原題は「文明世界への訴え」と訳されています。要するに、
戦争を扇動するプロパガンダです。この宣言によって、結
果的にプランクは、フリッツ・ハーバーらによる毒ガスの
開発など、軍事研究に加担してしまったことは否めません。

**ドイツ擁護の声明に
署名**

しかし翌 1915 年、プランクはオランダの物理学者である
ヘンドリック・ローレンツ（1853-1928：オランダの物理学
者。原子から出る光の波長が磁場中で分裂するという「ゼー
マン効果」の発見により 1902 年ノーベル物理学賞受賞）と
いくつかの会議を持った後、このマニフェストの一部を取
り消しました。そして 1916 年、今度は逆に、ドイツの拡張
主義に反対する宣言に署名したのです。

**一転してドイツの拡
張主義に反対**

のちに述べる第二次世界大戦中のプランクの言動を合わ
せて考えると、戦争に加担することが、彼の本心だったか
どうかは疑問です。

この第一次世界大戦でプランクは、長男が戦死するとい
う悲劇にも見舞われています。ちなみに、プランクの息子
の悲劇はその後も続き、第二次世界大戦中に、息子のエル
ヴィンが、ヒトラーの暗殺未遂事件に関与した疑いで、ナ
チの人民法廷によって死刑の判決を受け、処刑されていま
す。

さて、話をベルリン時代のプランクの研究に戻しましょ
う。

1900 年にプランクがいわゆる「量子仮説」を提案してし
ばらくたった 1905 年、のちに世界を変えることになる 3 篇
の論文がドイツのアナーレン・デア・フィジーク誌に発表

されました。著者は 26 歳の無名の特許庁役人、<u>アルバート・</u>
<u>アインシュタイン</u>（1879-1955）です。

アインシュタインが
3 篇の論文を発表
・光量子仮説
・ブラウン運動
・特殊相対性理論

その 3 篇の論文というのは、「**光量子仮説**」、「**ブラウン運**
動の理論」、「**特殊相対性理論**」に関するものでした。その
中で特殊相対性理論に関する論文は、その斬新な内容から
物議をかもしました。その特殊相対性理論の重要性をすぐ
に理解した数少ない人のうちのひとりがアインシュタイン
より 20 歳ほど年上のプランクだったのです。プランクは、
この相対性理論を素早くドイツ中に広めることに、大きく
貢献しました。

　ところが皮肉なことに、プランクの量子仮説と密接に関
係した「光量子仮説」のほうに関しては、プランクは否定
的でした。この光量子仮説というのは、金属の表面に紫外
線などの光を当てたときに、表面から出てくる電子の挙動
を説明した理論ですが、それは古典物理学で説明ができな
いものでした。プランクは、マックスウェルの古典的な電
磁気学理論を完全に捨て去ることに関しては気が進まな
かったのです。1910 年、アインシュタインは、古典物理学
で説明ができない他の現象の例として、低温における熱の
特異的な挙動についても指摘しました。

アインシュタインの
登場で物理学の世界
は混乱状態に

　アインシュタインの出現で、それまでのニュートン、マッ
クスウェル以来の古典物理学で説明のつかない現象や理論
が数多くでてきたため、物理学の世界は一種の混乱状態に
陥ったのです。

　このような混沌とした状況を打破するため、当時すでに
科学界の重鎮であったプランクは、<u>ヴァルター・ネルンス</u>
<u>ト</u>（1864-1921：ドイツの物理化学者、熱力学の第三法則、
電気化学では電位とイオン濃度の関係を示したネルンスト
の式を発見）と一緒に、古典物理学において増大していた

様々な矛盾を解明するため、1911年に国際会議をベルギーのブリュッセルで開催することにしました。この会議は、ベルギーの化学者であり実業家でもある**エルネスト・ソルヴェー**（1838-1922）にちなんで**「ソルヴェー会議」**と呼ばれています。

物理学の国際会議 ソルヴェー会議

第1回のソルヴェー会議の主題は「放射理論と量子」で、戦争時を除くとほぼ3年ごとに、2014年まで26回開催されています。

第1回ソルヴェー会議出席者（1911年）

後列：マックス・プランク（左から2人目）、アーノルド・ゾマーフェルト（左から4人目）、ド・ブロイ（左から6人目）、
ラザフォード（右から4人目）、アインシュタイン（右から2人目）
前列：マリ・キュリー（右から2人目）、アンリ・ポアンカレ（右端）

初期の会議には、プランクとアインシュタインのほかに、**マリ・キュリー**（1867-1934：ポーランドの物理化学者、放射線の研究で「キューリー夫人」として有名。1903年ノー

ベル物理学賞、1911 年ノーベル化学賞受賞）、**エルヴィン・シュレーディンガー**（1887-1961：オーストリアの理論物理学者。波動力学を提唱。1933 年に新形式の原子理論の発見によりノーベル物理学賞受賞）、**ヴォルフガング・パウリ**（1900-1958：スイスの物理学者。パウリの排他律の発見などにより、1945 年ノーベル物理学賞受賞）、**ハイゼンベルク**（9章）、**ポール・ディラック**（1902-1984：イギリスの理論物理学者。量子力学と量子電磁気学の基礎付けにより 1933 年ノーベル物理学賞受賞）、**アーサー・コンプトン**（7章）、**ルイ・ド・ブロイ**（1892-1987：フランスの理論物理学者。ド・ブロイの方程式などの功績で 1929 年ノーベル物理学賞受賞）、**ニールス・ボーア**（5章）など、量子力学や核科学を切り拓いた当時の科学者のほとんどと言っていいくらいの学者が参加しています。

　この会議において、アインシュタインとプランクは大いに議論し、お互いの言うことを信じることができるような仲になりました。同時に、人間としてもこの２人の偉大な科学者は親密になり、プライベートにもときどき音楽を演奏するなど、終生の友となりました。

ナチ＆ヒトラーとプランク

　さて、第一次世界大戦後の混乱の中で、プランクはドイツ物理学会の最高権威となっていました。この頃のドイツの経済状況は、第一次世界大戦の敗戦により、ほとんど研究ができないほどに悪化していました。しかしプランクは、ベルリン大学、プロシア科学アカデミー、ドイツ物理学会、カイザー・ウィルヘルム協会（1948 年にマックス・プランク協会に名称変更）などで重要なポストを歴任し、ドイツの科学界の復興に尽力します。

　1933 年、ナチが権力を握ったとき、プランクはすでに 74 歳になっていました。彼は、多くのユダヤ人の友人や同僚が、

職を追われ自尊心を傷つけられ、何百人という科学者がナチのドイツから逃れるのを目撃しました。彼は「辛抱して研究を続けよう」と呼びかけ、ドイツから脱出しようとする科学者たちに、ドイツに留まるように説得しました。

この頃、彼はカイザー・ウィルヘルム協会総裁としてヒトラーに会っています。このとき、プランクはヒトラーに対して、ユダヤ人科学者を支援することは、国家にとって利益をもたらすということを説得しようと試みました。しかし、ヒトラーはプランクの主張に耳を貸さず、ユダヤ人排撃の主張を繰り返し、最後には怒り出してしまいました。しかたなくプランクは沈黙して退散を余儀なくされました。

このようにプランクは、内面ではナチに批判的だったでしょうが、立場上それをあからさまに表に出すことができず、危機がやがて収まって政治的状況が改善するのを密かに待つしかありませんでした。それはまた、次のようなエピソードからも推測されます。

プランク、そして
科学者たち？

ナチの権力が強くなった頃、核分裂の発見者である<u>オットー・ハーン</u>（1879-1968）はプランクに、「ドイツの著名な科学者を集め、ユダヤ人科学者の処遇に反対する共同声明を出そう」と相談しました。しかしプランクはこう答えました。

「もし君が30人のそのような理解ある科学者を集めることができたとしても、翌日には150人の他の者がやってきて、それに反対するだろう。なぜなら、彼らは追い出された者のポストを引き継ぐことを狙っているからだ」

プランクのリーダーシップの下、カイザー・ウィルヘルム協会は、ナチの体制とあからさまに衝突することは避けました。実はプランクは、多くのユダヤ人科学者を秘密裏にカイザー・ウィルヘルム協会の中で数年間にわたって仕事を続けさせていたのです。ナチのほうもこういったプラ

ンクの姿勢に気づいていたらしく、1936 年に、彼のカイザー・ウィルヘルム協会所長としての任期が終わるとき、ナチ政府は、彼に任期を延長することを慎むように圧力をかけました。

　また、当時のドイツ物理学会の代表者である**ヨハネス・シュタルク**（1874-1957：ドイツの物理学者。シュタルク効果の提唱。1919 年ノーベル物理学賞受賞）は、プランクの姿勢を攻撃し、なんとプランクの先祖にユダヤ人がいるかどうかを調べ始めたのです。そして、「プランクは 1/16 のユダヤ人だ」とクレームをつけました。しかしプランク自身はそれを明確に否定しています。

核分裂の発見をプランクはどのように受け止めたか？

　第二次世界大戦前夜の 1938 年は、本書のテーマである「核分裂の発見」の年です。このときプランクはすでに 80 歳になっていました。彼が「核分裂の発見」に関して、どのような見解を持っていたのかはよくわかりません。しかし発見者の一人である**リーゼ・マイトナー**（３章）は、かつてプランクの下で学んだ人たちであり、プランクが、この世紀の大発見に関してショックを受けたであろうことは想像できます。プランクはいずれ原子爆弾ができるであろうことを予見し、次のように言ったとも言われています。

「核分裂は人類の幸福のために使われなければならない。だが、そうはならないであろう」

　その 1938 年も終わりになると、プランクが所長をしていたプロシア・アカデミーは独立性をまったく失い、完全にナチの管轄となってしまいました。プランクは所長を退くことでそれに抵抗するのが精一杯でした。

　80 歳を超えたプランクは、知力だけでなく強靭な体力を保ち、しばしば講演のために各地を旅行しました。80 歳を超えても、なんと彼は、アルプスの 3000 メートル級の山に

登るだけの十分な体力があったということです。プランクの講演は、単に科学にとどまらず宗教に関するものもありました。プランクはドイツのルター協会のメンバーでしたが、異なる考え方や異なる宗教には常に寛大だったのです。

　第二次世界大戦中、連合国側が相次いでベルリンを爆撃したため、プランクとその妻は一時郊外に引っ越しました。戦争中の 1942 年に彼は次のように書いています。

　「私には、この危機に耐え、新たな上昇を見届けるという希望が芽生えた」

　戦争という過酷な状況でも、彼は決して希望を失うことはありませんでした。1944 年 2 月、彼のベルリンの家は完全に空襲で破壊され、彼の科学の研究に関する記録は、すべて消え去ってしまいました。彼の田舎の避難場所も、両側から連合国軍が急激に迫り、彼はまさに生死の間をさまよいました。

　そんな中、前述のように、1945 年、プランクの息子であるエルヴィンが逮捕されてしまいました。ヒトラー暗殺計画に加担したという嫌疑です。その結果、エルヴィンはゲシュタポによって殺害さてしまいます。エルヴィンの死は、プランクに生きる希望を失わせたでしょう。

　戦争が終わると、彼と彼の第二の妻、そして残った一人の息子はゲッチンゲンの親戚の下に行き、そこでプランクは 1947 年 10 月 4 日に亡くなりました。89 歳でした。

　このように、マックス・プランクは、第一次、第二次世界大戦という 2 度の大戦に翻弄され、家族や家を失うなど、個人的には不遇な生涯を送りました。

　しかし、そのような逆境の中でも、光のエネルギーが飛び飛びの値をとる

という「量子仮説」を提唱しました。**この量子仮説は光だけでなく、ミクロな世界のすべての粒子に適用され、後の原子構造の解明、量子力学の発展などに多大の影響を及ぼしました。核分裂も、その量子力学の研究をもとに発見された現象のひとつと言えます。**

　核分裂が発見された 1938 年にもプランクは存命でしたが、彼自身は核分裂の研究に直接かかわることはありませんでした。しかし、核分裂の発見者であるリーゼ・マイトナーをはじめ、数多くの優れた研究者を指導するなど、教育者としても後の科学の発展に多大の貢献をしました。

　プランクはまさに、核エネルギー時代につながる道を切り拓いたパイオニアと言えるでしょう。

第2章

アーネスト・ラザフォード
（1871 - 1937）
―元素が変換することを発見した巨人―

2 アーネスト・ラザフォード（1871-1937）

◇◇◇

　2011年3月に起こった福島第一原子力発電所の事故以来、一般の人にも、放射線や放射能に対する関心が高まりました。アルファ線、ベータ線、半減期などという、今まで科学者だけが使っていた言葉が、ニュースなどでも頻繁に聞かれるようになりました。

　これらの言葉は、これから述べるアーネスト・ラザフォードによって名づけられたものです。

　それまでは、元素というのは不変であり、いかなる手段をもってしても、ある元素を他の元素に変えることはできないと信じられていました。かのニュートンも、晩年は元素の変換、すなわち錬金術の研究に没頭しましたが、成功しませんでした。

　ラザフォードこそ、元素が他の元素に変わりうることを初めて示した科学者です。まさに核分裂の発見に至るドラマのさきがけとなった人と言っていいでしょう。

　では、そのラザフォードの生涯について見てみましょう。

◇◇◇

英領ニュージーランド生まれの科学者

　ラザフォードはイギリスの科学者ですが、実は、ニュージーランドのネルソンという町の近くで生まれています。

　当時の科学のメッカは、もちろんイギリス、フランス、ドイツなどのヨーロッパ諸国、そしてアメリカでした。ラザフォードは、後の1908年にノーベル化学賞を受賞しますが、**オセアニア出身者としては、初めてのノーベル賞受賞者**となりました。

　もっとも、当時はニュージーランドという国はなく、イギリス領でしたから、イギリスとのつながりが強く、実際、ラザフォードの父親はスコットランド出身の農夫であり、母親もイングランドの出身でした。つまり両親とも、イギリスからの移民だったのです。

　彼は、ニュージーランド大学のカンタベリー・カレッジ（現

在のカンタベリー大学）へ進学し数学、数理物理学、さらには地質学を学びます。この間の研究として、彼は新しいラジオ受信機を発明しています。

　大学で彼は弁論部に入るとともにラグビーに熱中しました。ニュージーランド大学は当然ながらイギリスの大学の影響下にありました。イギリスの名門大学は、いわゆる「文武両道」の精神が息づいています。つまり学問をする者は、健全で強靭な肉体を持っていなければならないということです。ニュージーランドと言えばラグビーの強国です。そのラグビー強国でラグビーに熱中するとは、ラザフォードもよほど体格に恵まれ、運動神経も抜群だったのでしょう。

　大学におけるラザフォードの成績自体は、まずまず優秀でした。しかし、教師になろうとして正教員資格の試験を受けますが、3回も不合格となってしまい、教師になることを諦めてしまいます。ラザフォードはいわゆる「青白き秀才」タイプではなかったようです。

**イギリス留学から
キャベンディッシュ
研究所へ**

　転機は24歳のときに訪れます。1895年、彼はイギリスの「博覧会王立委員会」から、ケンブリッジ大学のキャベンディッシュ研究所に留学する機会を与えられました。彼はケンブリッジ大学の学位を持たない部外者として、初めてこの大学で研究することを許された人でした。ラザフォードは両親の故郷であるイギリスに渡り、ケンブリッジ大学のキャベンディシュ研究所の研究員になります。

　このキャベンディッシュ研究所というのは、ちょうどラザフォードが生まれた年の1871年に、物理学者**ヘンリー・キャヴェンディッシュ**（1731-1810：イギリスの物理化学者。水素の発見や水の合成、硝酸の生成、オームの法則などを発見）を記念して作られた研究所で、現在までに29人ものノーベル賞受賞者を輩出した世界的な研究所です。ラザ

フォードが留学した当時は設立間もない頃でしたが、すでに古典電磁気学を確立した**ジェームズ・マクスウェル**（1831-1879：マクスウェルの方程式を提唱）、光の散乱の研究で有名な**ジョン・ウィリアム・ストラット**（レイリー卿：1842-1919：1904年ノーベル物理学賞受賞）といった大科学者が所長を務めていました。

ラザフォードが留学したときの所長は**ジョセフ・ジョン・トムソン**（**J.J. トムソン**とも表記：1856-1940）でした。このJ.J. トムソンという人は、ラザフォードが留学した2年後の1897年に電子を発見しており（もっとも、電子の発見者については異論もあります。ただ、J.J. トムソンは電子の電荷と重さの比を正式に決定したことは事実です）、1909年にノーベル物理学賞を受賞した大科学者でした。

ラザフォードは、J.J. トムソンの指導の下で研究を始めました。ただ、当時はまだ外国人に対する差別意識が強かったようです。イギリス領といえども、やはりニュージーランド出身者というと「よそ者」です。新参者であったラザフォードは、キャベンディッシュ研究所の保守的な人たちから妬みを持って見られました。そういった差別にもかかわらず、J.J. トムソンはラザフォードを励まし、研究を指導しました。

気体の電気伝導に関する研究　最初の研究は**気体の電気伝導**に関するものでした。この研究の中で彼は、電波の検出に関する研究もしています。先ほどニュージーランドの大学でラザフォードが新しいラジオ受信機を発明したことを述べましたが、そのときの経験が役立ったのでしょう。ラザフォードは、新しく開発した装置を使って、半マイル離れた場所にあるラジオ波を検出することに成功しました。これは電波を検出した例としては、当時として最長の距離でした。

　1896 年、彼はこの結果を英国協会の会議で発表しました。ところが、この会議にはイタリアの**グリエルモ・マルコーニ**（1874-1937：無線電信の開発で 1909 年ノーベル物理学賞受賞）が講演者として参加していて、同様の電波の検出に関する発表を行なっていました。現在では、無線電信の発明者はマルコーニということになっていますが、もしかするとラザフォードが発明者になっていたかもしれません。

放射線の正体？

　さて、この頃の科学の世界を見てみると、放射線に関係した大発見が続いています。ラザフォードがイギリスに渡った 1895 年には、ドイツの物理学者である**ヴィルヘルム・レントゲン**（1845-1923）が最初の放射線である「X 線」を発見しています。また翌年の 1896 年にはフランスの**アンリ・ベクレル**（1852-1908：フランスの物理化学者。放射線の発見により 1903 年ノーベル物理学賞受賞）が、ウランが自然に放射線を発生する能力、つまり「放射能」を持つことを発見しています。

　しかし、これらの放射線の正体については、発見されたばかりで、全くわかっていませんでした。そこでラザフォードは、2 つの電極が入った箱（電離箱）の中にウランを置き、それを覆うアルミ箔の厚さを増しながら、これを通過してくる放射線の量を電位計で測定しました。すると、アルミ箔の厚みが約 0.005 mm のときに半分に弱まる放射線と、約 0.4 mm のときに半分に弱まる放射線の 2 種類あることに気づきました。ラザフォードは前者を**アルファ線**、後者を**ベータ線**と名付けましたが、今日でもこの言葉は使われています。

　この論文が発表されたのはラザフォード 28 歳になった 1899 年のことです。実は、ラザフォードはその前年の 1898 年に、J.J. トムソンの推薦によりカナダのモントリオールに

あるマギル大学に移りました。それまではほとんどが無給でしたが、これでやっとのことで、安定的な収入を得ることができるようになりました。それによって、この頃彼はニュージーランドを発つとき、すでに婚約していたメアリーという女性と結婚しました。

さて、新天地のカナダでもラザフォードは次々と重要な発見をしていきます。1900年には、当時知られていたアルファ線やベータ線に比べて透過力が格段に大きい放射線が電磁波であることを実証し、これを**ガンマ線**と名付けました。この言葉も現在使われています。

また、イギリスの化学者である<u>フレデリック・ソディ</u>（1877-1956：イギリスの化学者。アルファ線、ベータ線などを見出し、1921年ノーベル化学賞受賞）と一緒に、ラジウムやトリウムなど、放射能を持つ物質について研究し、**放射性元素がだんだんと変化していくのではないか**ということに気づきました。このことは、まさに元素が変換するというアイディアに至ったことに他なりません。

放射性元素変換説の提唱　そしてついに1902年、元素が放射線を放出すると別の元素に変わるという**「放射性元素変換説」**を提唱しました。これはまさに、中世から多くの研究者が挑んできた「錬金術」が実現したことに他なりません。またラザフォードは、放射能の変化する速度に関し、**「半減期」**という概念を考えました。これもまた、現在も使われている言葉です。

1907年、36歳になった彼は、再びイギリスに戻り、マンチェスター・ヴィクトリア大学（現在のマンチェスター大学）物理学教授になりました。ここでも次々に大発見をしていきます。1908年には、放射性元素の変換系列を調べて、ウランなどの放射性元素が変化していくと、最終的に鉛になることを発見しました。またこの年、アルファ線をガラス管に集めて放電させ、そのスペクトル（発光の色）を調べ、

アルファ線の正体がヘリウムの原子核であることをつきとめました。これら一連の「元素の崩壊および放射性物質の性質に関する研究」により、この年、ノーベル化学賞を受賞しています。

　ノーベル賞をもらうほどの栄誉を受けると、普通の人ならその後は管理職になったり政府の委員などを務めて悠々自適に暮らすでしょう。しかしラザフォードの偉大なところは、ノーベル賞受賞後も精力的に研究を続け、次々と大発見をなしとげたことです。

原子モデルの解明　その中でも、重要な仕事は、アルファ線の散乱に関するものです。現在では原子というのは、真ん中に原子核があって、その周りをたくさんの電子が回っていることを私たちは知っています。しかし当時は、原子の内部の構造は知られていませんでした。理論的には、ラザフォードの師であるイギリスの J.J. トムソンが、プラスに帯電した球の内部にマイナスの粒子が運動しているという**「ブドウパン」**（プラムプディングモデルとも呼ばれる）のような原子モデルを提唱していました。

　一方、日本の<u>長岡半太郎</u>（1865-1950：ドイツに留学してボルツマンの下で学んだ後、土星型原子モデルを発表）は、真ん中にプラスの電荷を帯びた核があり、その周りをマイナスの粒子が回っている**「土星型の原子モデル」**を発表していました。（ちなみに長岡の理論は、日本では「土星型」と呼ばれることが多いのですが、実際は「惑星型」と言ったほうが現実に合っています）

　この問題に関してラザフォードは、放射性核種から出てくるアルファ線を金属の薄い膜に当てる実験をしました。すると、金属板でアルファ線が跳ね返され、その跳ね返されるアルファ線の数は、金属板の原子番号が大きいほど増

加することを見つけました。そしてその跳ね返されるアルファ線の角度分布を測定して、ついに、原子の中心に重いプラスの電荷を持つ核があることを突き止めたのです。つまり先ほどの長岡半太郎のモデルが正しいことを実証したのです。

原子モデル

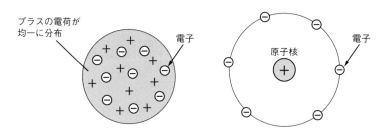

プラスの電荷が
均一に分布

電子

原子核

電子

J.J.トムソンが提唱した
「ブドウパン」モデル

長岡半太郎が提唱し、
ラザフォードが実証した
「土星型」モデル

人工的に原子核を変
換できることを証明
し、のちに核分裂の
発見につながる

　もうひとつ、ラザフォードの輝かしい業績は、**元素が人工的に変換できることを示した**点です。さきほど、1902 年にラザフォードは、元素が放射線を放出すると別の元素に変わるという「放射性元素変換説」を提唱したと書きました。これは天然のウランやトリウムなどの重い放射性元素の話です。ところが、ラザフォードは、アルファ線を窒素原子に衝突させる実験をして、水素の原子核（陽子）が生成することを発見しました。これは実は、窒素にアルファ線（ヘリウムの原子核）が当たって、酸素と水素ができる反応なのですが、これによってラザフォードは、はじめて人工的に原子核が変換できることを示したのでした。これは**のちの核分裂の発見につながる重要な成果**と言えます。

　ラザフォードはその後も精力的に研究を続けるとともに、

キャベンディシュ研究所の所長やロンドン王立協会長など
を務めますが、一方では弟子の養成にも大きく貢献しまし
た。

偉大な多くの研究者
たちを養成する　　ラザフォードの指導の下、**ジェームズ・チャドウィック**
(1891-1974) による中性子の発見（1935 年ノーベル物理学
賞受賞）、**ジョン・コッククロフト** (1897-1967) と**アーネスト・**
ウォルトン (1903-1995) の加速器を使った元素変換の研究
(1951 年ノーベル物理学賞受賞)、**エドワード・アップルト**
ン (1892-1965：電離層の研究で 1947 年ノーベル物理学賞受
賞）などが、世界の物理学の分野に大きく貢献しています。

　このように、ラザフォードの研究と、彼の指導の下で行
なわれた仕事は、原子核の構造や放射性元素の崩壊、人工
的な核変換という、核エネルギーの解放に至る現象の本質
を確立したと言えるでしょう。

　ただ、ラザフォードは早く亡くなりすぎたので、実際の
核エネルギーの解放、すなわち核反応や核変換が連続して
起こるということは知りませんでした。のちに核分裂の連
鎖反応というアイディアを提案した**レオ・シラード**（6 章）
は、

　「制御された連続的な核変換というアイデイアは、ラザ
フォードの講演を聞いてインスピレーションを得た」

　と語っています。つまり、ラザフォードは生前中に、す
でにこの核変換という現象がエネルギー放出を伴うもので
あることに気づいていたのかもしれません。

　晩年、ラザフォードはヘルニアを患い、それがもとで
1937 年、66 歳の生涯を閉じました。それはまさに、核分裂
が発見されるちょうど 1 年前でした。

◇◇◇

　以上のように、ラザフォードは核分裂の発見に先駆けて、原子の構造や原子核の性質について多くの貢献をしました。

　第一は、それまで不変であると考えられていた元素が変換することを見出したことです。つまり、まずアルファ線、ベータ線、ガンマ線の存在を明らかにして、ウランのような重い元素がこれらの放射線を放出すると違う元素に変わることを明らかにしたのです。さらに、元素の変換は人工的にも起こりうることを見出したのです。これはまさに**原子が２つに分裂するという核分裂の発見**の基礎となりました。

　第二の貢献は、原子の構造を明らかにしたことです。原子というと今日、私たちは、**真ん中にプラスの原子核があって、その周りをマイナスの電子が回っている**というイメージを持っています。しかし、そのような構造が全くわからない時代に、ラザフォードは簡単な実験でそのことを明らかにしました。

　彼の死の翌年に発見された核分裂という現象は、これら２つのラザフォードの業績に基づいたものと言っても過言ではありません。若き日にラグビーで鍛えた強靭な体を持つ大柄のラザフォードは、核分裂の発見に先駆けて元素が変換することを発見した、文字通り「巨人」と言えるでしょう。

◇◇◇

第3章
リーゼ・マイトナー
(1878 - 1968)
―核分裂を理論的に証明した女性科学者―

◇◇

　リーゼ・マイトナーはオーストリア出身の女性の物理学者ですが、その名前を聞いたことがある人は少ないかもしれません。しかし、核分裂の発見について語るうえで、彼女の偉大な業績を外すことはできません。いや、**マイトナーこそ、核分裂という実験の結果を理論的に裏付け、動かぬ事実として決定づけた中心人物と言えるでしょう。**

　しかし、研究者として彼女の人生は決して恵まれたものではありませんでした。女性であることに関して差別も受けましたし、ユダヤ人としての彼女の出自が暗い影を投げかけます。

　第二次世界大戦中の 1944 年、「核分裂の発見」に関してノーベル化学賞が共同研究者である**オットー・ハーン**（1879-1968）に与えられましたが、そこに彼女の名前はありませんでした。このことに関して、1990 年になって初めて、ノーベル賞委員会の選考記録が公開されました。それによると、数人の科学者とジャーナリストが彼女を受賞対象からはずすことに異議を唱えたということです。結果としてノーベル賞は受賞しませんでしたが、マイトナーは、1962 年のノーベル賞受賞者の会合に招待されています。

　また、彼女は亡くなってから数々の栄誉を受けました。さらに、109 番の人工元素に彼女の名にちなんだ、「マイトネリウム」という名前がつけられています。

　これほど偉大な科学者であるマイトナーとは、いったいどんな人だったのでしょうか？

◇◇

養育に熱心なユダヤ人家庭で生まれ育つ

　リーゼ・マイトナーは、1878 年、ウィーンで、上流から中流クラスのユダヤ人家族の 8 人兄弟の 5 番目として生まれました。彼女の父親は、フィリップ・マイトナーと言い、オーストリアにおける最初のユダヤ人弁護士のひとりでした。

　彼女は、生まれたときの名はエリーゼと言いましたが、しばらくして、それを短縮したリーゼに変えました。彼女

はユダヤ人としてそのコミュニティーのなかで育ちました
が、成人すると、ルター派のキリスト教に改宗しています。
そして20歳のときに洗礼を受けました。

　マイトナーは非常に早熟で、最初の研究はなんと8歳の
ときにさかのぼります。彼女は実験を記録したノートを枕
の下に敷いて寝ました。彼女は、特に数学と科学に興味を
持っていて、最初の研究として水面の油膜の色や反射する
光について調べています。

　当時のウィーンでは、大学などの高等教育機関で女性が
学ぶことは許されていませんでした。しかし、マイトナー
の両親は彼女の教育に熱心で、物理学の個人家庭教師をつ
けて勉強させました。そして1901年、彼女が23歳のときに、
ギムナジウム（ドイツ、オーストリアの大学進学をめざす
目指す学校で、日本の中高一貫教育にあたる）の試験に合
格しています。

アルファ線を金属に　　マイトナーは、物理を勉強し、27歳のときにウィーン大
当てるという手法　　学から女性として2人目の博士号を受けました。彼女の博
士論文の題名は、**「不均一固体における熱伝導について」**と
いうものでした。この課題は、現代の物理学者から見ても、
非常に重要なテーマであり、今日でも先端的な装置を使っ
て研究が行なわれている分野です。大学で彼女は猛烈に勉
強ましたが、数学と物理のどちらを専攻しようか迷いまし
た。そのため彼女は両方の授業を受け、通常の学生よりも
熱心にノートをとったということです。

　この頃の研究として、彼女はすでにアルファ線を使った
研究をしています。**アルファ線を金属に当てたとき、金属
原子の原子量が大きくなるほど、アルファ線が曲がる割合
が多くなることを見出しました。**これは、前章のラザフォー
ドが原子核の実験で用いたものと同じもので、彼女はこの

手法を得意としていました。彼女はその実験結果をまとめて、1907年に物理学会報『Physikalische Zeitschrift』という雑誌に論文として投稿しました。

マックス・プランクの下での研究　さて、博士号を取得した後、彼女はガス灯を作っている会社に就職する予定でした。しかし科学への興味が尽きなかった彼女は、就職するのをやめ、父親から金銭的な援助も受けて、ベルリンのフリードリッヒ・ウィルヘルム大学に入りました。そこには前述の有名な物理学者である**マックス・プランク**（1章）がいました。当時は女性が研究するなどということはなかなか認められず、実際プランク自身も、それまでは女性が講義を聴くことを拒否してきました。しかしマイトナーだけは、例外的に講義を聴くことを許したのです。それだけ彼女が優秀だったのでしょう。

オットー・ハーンとの共同研究の始まり　プランクの講義に出て1年後、マイトナーはプランクの助手に採用されました。最初の年、彼女は**オットー・ハーン**と一緒に仕事をしました。ただ、最初は2人の協力関係は、女性研究者を認めない大学の規則によってさまざまな制約を受けました。マイトナーはハーンと同じ化学研究所で実験を行なうことを許されはしましたが、入ることが許されたのは、湿気の多い暗い地下室だったのです。また、トイレを使うときは、いったん外に出て道を渡りホテルまで行かなくてはなりませんでした。

そんな逆境にもかかわらず、2人の研究は進みました。マイトナー自身は、物理学と数学を得意としていましたが、ハーンの専門分野は化学でした。現代でもそうですが、このように異なる分野の研究者どうしのコラボレーションが、時として偉大な発見に結びつくことがよくあります。マイトナーとハーンの共同研究もそのような好例と言えます。一緒に研究を始めてから、さっそく2人はいくつかの同位

体を発見しました。また、1年後の1909年、ベータ線に関する2報の論文を書いています。

さらにマイトナーはハーンとともに、**「放射性反跳」**と呼ばれる物理的な分離法を開発しました。この「放射性反跳」というのは、専門分野では**「ホットアトム化学」**などとも呼ばれていますが、放射性核種が崩壊しアルファ線やベータ線などの放射線を出すとき、そのエネルギーに相当するだけ娘核種が反対側に運動エネルギーを持つため、化学反応が誘発されるという現象です。

1912年になり、オットー・ハーンの研究グループは、ベルリンのダーレムに新しくできた「カイザー・ウィルヘルム研究所」（KWI）に移りました。マイトナーは、ハーンの下で、しばらくの間、無給で働きました。そして1913年、35歳になってはじめて、この研究所のパーマネントポジションを得ることができました。

1914年、第一次世界大戦勃発

研究は順調に進みましたが、翌年、第一次世界大戦中が勃発します。この頃の科学者は、いやおうなしに軍事にかかわる研究に従事させられました。大戦が始まると、マイトナーも専門知識を生かし、X線装置を扱う看護士として働きました。彼女は1916年にベルリンでの研究に戻りましたが、この戦争体験は、彼女に精神的な苦悩をもたらしたのです。というのは、彼女は戦争の犠牲者の苦悩や、彼らの医療介護、心の傷の癒しの必要性を感じ、このまま好きな自分の研究を続けることに関して、うしろめたさを感じ始めていたのです。

そんな中でも、やはり研究に対する情熱は持ち続けていた彼女は、戦争中にもかかわらず、ハーンとともに研究を続けました。1917年、彼女とハーンは、半減期の長い放射性同位元素である**プロトアクチニウムを発見**しました。この業績により彼女はベルリン科学アカデミーから、ライプ

ニッツメダルという賞を受賞されました。この年、マイトナーはカイザー・ウィルヘルム研究所から、自分自身の物理研究室を与えられ、一層研究に没頭することができるようになりました。

常に遭遇する女性研究者という差別

1922 年、彼女は原子の表面から、ある特定のエネルギーを持つ電子が放出される現象の起源を解明しました。この電子は現在では**「オージェ電子」**として知られています。これは、フランスの科学者である**ピエール・オージェ**（1899-1993：後の欧州宇宙機関創設者のひとり）にちなんでつけられた名前です。オージェは、マイトナーとは独立に、1923 年にこの現象を発見したのですが、実際どちらが第一発見者であるかは論争があり、マイトナーのほうが早かったという説が有力です。それでも「マイトナー電子」とは命名されなかったのは、やはり当時の女性差別が影響しているのかもしれません。

中性子の発見に至る経緯

さて 1926 年、マイトナーはベルリン大学において、ドイツで初めての女性の物理学正教授となりました。この頃、マイトナーはイギリスにあるケンブリッジ・キャベンディシュ研究所の**ジェームズ・チャドウィック**（1891-1974）と連絡を取りあっていました。チャドウィックは後の 1932 年に中性子を発見したことで有名です。この頃彼は、その中性子の存在を証明しようとしていたので、その実験に必要な「ポロニウム」という元素を集めていました。病院などで治療用に使われているポロニウムを集めようとしていたのですが、量に限りがありました。それを知ったマイトナーは、チャドウィックの実験用に、自分が使っていたポロニウムという元素を送ったのです。チャドウィックはマイトナーに大いに感謝しました。後にチャドウィックは、こう語っています。

「もし、マイトナーが中性子のことをもう少し考えていた
なら、そしてもし彼女が何年かキャベンディシュに滞在し
ていたならば、私が発見した中性子を彼女自身が発見した
だろう」

チャドウィックによる1932年の中性子の発見以来、科学
者たちは、実験室でウラン（原子番号92）より重い元素を
作ることができるのではないかと考えはじめていました。
というのは、中性子というのはプラスやマイナスの電荷を
持っていないので、原子核の中に入りやすいという性質が
あるため、ウランに中性子を当てて、もしそれがウランの
原子核に捕捉されれば、ウランの原子核の中性子の数が多
くなり、結果として重い原子核ができる可能性があるわけ
です。

核分裂の発見につな
がる「超ウラン元素
研究」

そして、その**ウランより重い原子核を人工的に作る競争
が始まりました。**このレースに加わったのは、イギリス
の**ラザフォード**（2章）、フランスの**ジョリオ・キュリー**
(1900-1958：マリ・キュリーの助手でその娘イレーヌと結婚。
1935年、夫婦でノーベル化学賞受賞)、イタリアの**エンリコ・
フェルミ**（8章）、そしてベルリンのマイトナーとハーンな
どでした。

その当時、この研究にかかわったすべての人は、これが
できればノーベル賞だと考えていましたが、つまり新しい
重い元素を作るという純粋な基礎研究と考えていたのです。
だれもその実験が、のちに核分裂の発見につながり、さら
に原子爆弾などの核兵器につながるなどとは、予想さえし
なかったのです。

さて1935年、マイトナーはベルリン・ダーレムにあるカ
イザー・ウィルヘルム化学研究所（今日のベルリン自由大
学にあるハーン・マイトナー研究棟）の物理学部門の部長
として、研究所の所長となったハーンとともに、**「超ウラン**

元素研究」というプロジェクトを始めました。超ウラン元素というのは、先ほど述べた原子番号 92 番のウランより原子番号の大きい（重い）元素のことです。これらの元素は天然には存在しないため、何らかの方法で人工的に作り出す必要があります。

　この「超ウラン元素研究」プロジェクトは、後に彼女がベルリンを去ってから半年後の 1938 年、偶然にも重い元素の核分裂の発見のきっかけとなった重要な研究でした。

1933 年、ヒトラー政権樹立

　さて、時は第二次世界大戦前夜となりました。

　ドイツでは、1933 年にナチのヒトラーが政治の実権を握りました。ユダヤ人であるマイトナーの身に、次第に影が差し込みます。

　この頃、マイトナーは依然としてカイザー・ウィルヘルム研究所の物理部長をしていましたが、オーストリア国籍を持っていたため、最初は一応保護されていました。しかし、**レオ・シラード**（6 章）、空気中の窒素からのアンモニア合成で知られる**フリッツ・ハーバー**（1868-1934）、彼女の甥の**オットー・フリッシュ**（1904-1979）など、著名なユダヤ人科学者たちは、解雇されるか、ポストを外されるなどの迫害を受けました。そのため彼らの多くは、ドイツから脱出してしまったのです。

ドイツからの脱出

　彼女はこのような深刻な状況にもかかわらず、当初は仕事に没頭していました。しかし、1938 年にドイツがオーストリアを併合したことで、彼女の状況はますます厳しくなりました。ついにマイトナーはドイツから脱出することを決断し、1938 年 7 月、オットー・ハーンやオランダの物理学者たちの助けにより、オランダへ向かいました。核分裂発見の 5 か月前です。

　彼女がドイツを去る前、共同研究者であるオットー・ハー

ンは、彼女に、母親からもらったダイヤモンドの指輪をプレゼントしました。それは、もし国境で見つかったら、これを賄賂にして見逃してもらうためでした（ただ実際には、それは必要ありませんでしたが）。彼女はドイツとオランダ国境を何とか無事に越えることができたのです。というのは、コスターというオランダの研究者がドイツの出入国管理所に、「彼女はオランダへの渡航許可をもらっている」と、あらかじめ説得していたのでした。彼女は後にこう語っています。

「私がドイツを永遠に去るとき、財布の中にはたった10マルクしかなかった」

さて、オランダのグロニンゲンという町で彼女は就職を考えましたが、それは実現しませんでした。次に彼女が向かったのはスウェーデンのストックホルムです。そこで彼女は最初、**マンネ・シーグバーン**（1886-1978）の研究室で職を得ました。

このジーグバーンという人は、X線分光学の分野の優れた研究者で、すでに1924年にノーベル物理学賞を受賞しています。ただ、当時としては仕方がないことですが、ジーグバーンは女性に対する偏見を持っていて、それが災いし、彼女はすぐにその職を辞しています。

次にストックホルムで彼女は、デンマークの**ニールス・ボーア**（5章）と一緒に仕事をすることになりました。というのは、ボーアは定期的にコペンハーゲンとストックホルムを行き来していたからです。この頃彼女は、依然としてかつての同僚であるオットー・ハーンや他のドイツの科学者たちと手紙で連絡を取り合っていました。インターネットや電子メールなどない時代に、研究者同士が手紙でやり取りをするということは、大発見につながる重要なことなのです。

そして 1938 年 11 月、オットー・ハーンがニールス・ボーア研究所で講演するため、コペンハーゲンにやってきました。核分裂発見の 1 か月前です。このとき、オットー・ハーン、ボーア、マイトナー、甥のフリッシュらがコペンハーゲンで一堂に会したのです。

オットー・ハーンの実験結果とマイトナーの検証

ハーンが帰国した直後の 1938 年 12 月、ハーンとその助手である**フリッツ・シュトラスマン**（1902-1980）が、ベルリン・ダーレムの彼らの研究室において、予想もしなかった意外な実験結果を得たのです。

ハーンらは、ウランに中性子を当てて、より重い元素ができたかどうかを調べるために、中性子照射後の試料の分析をしていたのです。ところが、生成物の中に、バリウムに化学的性質が似た元素が検出されたのです。バリウムというのは、原子番号 56 番の元素です。常識的には、原子番号 92 番のウランに中性子を当てて、その中性子がウランの原子核の中に入り込めば、ウランより重い元素ができるはずです（実際ほとんどの場合、ウランに中性子を当てると、原子番号 93 番のネプツニウムができ、それが不安定なので、最終的には 94 番のプルトニウムができます）。ところが、バリウムの原子番号は 56 番なので、ウランの 3 分の 2 くらいです。ですから、ウランが中性子を吸収してもできるはずがありません。

ただ、ハーンらは元素の分析に関しては絶対的な自信を持っていて、生成した元素はまさにバリウムであるとの確心を得たのです。

しかし、理論物理に関して彼らは詳しくなかったので、この驚くべき結果について悩みましたが、とにかく事実だけを発表しようと思い、その同じ月、つまり 1938 年 12 月に最初の論文の原稿をドイツの『自然科学（Naturwissenshaften）』という雑誌に送りました。その中で、

彼らは、「**ウランに中性子を当てたらバリウムが検出された**」という事実だけを述べています。このとき彼らは、同じ研究所内の物理学者にはこの結果を知らせず、かつての同僚のマイトナーに手紙で知らせました。

オットー・ハーンとリーゼ・マイトナーの予想と実験結果

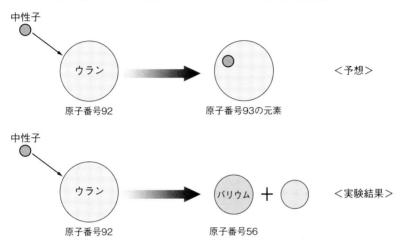

マイトナーと甥のフリッシュは、ハーンから知らされた驚くべき実験結果について考えました。そのときマイトナーが考えたのは、原子核をいわば液体のしずくのように考えるやり方です。これは現在でも**「液滴モデル」**として使われています。水滴をどんどん大きくしていくとどうなるでしょうか？ そうです！ ついには壊れてしまいます。

液滴モデル

　ハーンらがバリウムを見つけたのは、ウラン原子が分裂したのではないかとマイトナーは考えました。そして、**ついに「核分裂」が起こったことを理論的に突き止めたのです。**

　実はウランが核分裂する可能性については、その 4 年前の 1934 年にドイツの女性科学者である*イダ・ノダック*（1896-1978）によってすでに指摘されていました。ただ、理論的な裏付けが弱かったので、当時あまり賛同者は得られていなかったのです。

　マイトナーによる「核分裂」という驚天動地の発見の翌 1939 年、ハーンとマイトナーらは立て続けに 3 報の論文を発表しました。ただし著者はそれぞれに異なっていて、第 1 報は 1 月 6 日付け、第 2 報は 2 月 10 日付けで著者はハーン、シュトラスマンです。第 3 報はフリッシュとマイトナーによって書かれた 2 月 11 日付けの論文です。

1939 年、オットー・ハーンらによる「核分裂」の発見

　この中の第 2 報においてハーンとシュトラスマンは初めて**「核分裂」**という言葉を使いました。これらの 3 つの論文は、それまでの科学の常識を大きく覆すものであり、当然ながら科学のコミュニティーに一大センセーションを引き起こしました。

　核分裂が事実だとすると、当然それは兵器として使える可能性があります。時は第二次世界大戦前夜です。核分裂に関する知識やノウハウがドイツの手にあったため、アメリカにいた著名な科学者たちは驚愕し、焦りました。アメリカの**レオ・シラード**（6 章）、**エドワード・テラー**（1908-2003：ハンガリー生まれでアメリカ合衆国に亡命した物理学者。後に水爆の開発に携わった）らの科学者たちは、すぐに行動を起こしました。

　彼らは、すでにアメリカに亡命していた*アインシュタイン*を説得し、当時のフランクリン・ルーズベルト大統領に

注意を喚起する手紙を書きました。そして彼らの活動は、のちの 1942 年の原爆製造に関するロス・アラモスでの「**マンハッタン・プロジェクト**」へとつながっていくのです。

　実はユダヤ人であるマイトナーにも、ロス・アラモスのプロジェクトに加わるように内々に要請があったのですが、彼女はこれを明確に拒否しています。そして後年の 1945 年に広島に原爆が落とされたことを知り、悲嘆にくれたそうです。

　このように「核分裂」という世紀の大発見に関して中心的な役割を果たしたマイトナーでしたが、1944 年にオットー・ハーンが核分裂の発見によってノーベル化学賞を受賞したときに、そこに彼女の名前はありませんでした。実はハーンとマイトナーは、核分裂の発見以前も、多くの業績によってノーベル化学賞や物理学賞に数回ノミネートされていたのです。しかし 1944 年のノーベル賞が、なぜマイトナーを外してハーンひとりに与えられたのかは、長年の謎でした。

　1990 年になって、長い間秘密にされてきたノーベル委員会の記録が公になりました。その理由は要約すると次のようなことです。

なぜマイトナーに
ノーベル賞が与えら
れなかったのか？

　「マイトナーが 1944 年のノーベル賞に選ばれなかったのは、ノーベル委員会のメンバーが、学際的な仕事を評価するのに適していなかったからである。というのは、化学委員会は彼女の貢献をフェアーに評価できなかったし、評価するのに消極的だったからと思われる。また、戦争中だったこともあり、スウェーデンの科学者は彼らの限られた経験に基づいて評価せざるを得なかった。マイトナーがノーベル化学賞から排除されたことは、専門間の偏見、政治的理解力不足、無知、性急さなどが混在していたことに要約される」

　つまり、ノーベル賞は物理学賞と化学賞に分かれていて、核分裂の発見は化学賞としてハーンに与えられたのですが、それは「バリウムを化学的に分析した」というハーンの業績に与えられたのです。それに理論的根拠を与えて核分裂が起こったことを証明したマイトナーの業績を、ノーベル委員会は正当に評価することができなかったのでしょう。その後、オットー・ハーンは、マイトナーの名前を10回以上もノーベル委員会に推薦しましたが、ついに彼女はそれを受賞することはありませんでした。

　ノーベル賞をもらえなかったことに関して、マイトナー自身は、手紙で次のように書いています。

　「確かにハーンはノーベル化学賞に値すると思います。それに関して、何の疑問の余地はありません。しかし、フリッシュと私は、核分裂が何に起因しているか、どのようにしてそれが膨大なエネルギーを放出するのかなど、ハーンがあまり知らない核分裂過程の解明に少なからず貢献したと信じています」

　受賞できなかったことを嘆くのではなく、むしろ自分自身の研究業績に関して十分な自信を持っていたことがうかがえます。

ドイツに残って戦争に協力した科学者たちへの批判

　第二次世界大戦後、マイトナーは自分がドイツから逃げたという負い目があったかもしれませんが、同僚のハーンや他のドイツの科学者にたいして批判的でした。それは、彼らがナチに協力したかもしれないし、ヒトラーの支配に対して何の反抗もしなかったと思えたからです。ドイツの指導的な核物理学者である**ヴェルナー・ハイゼンベルク**（9章）について彼女はこう語っています。

　「ハイゼンベルクと彼と一緒に働いた多くの科学者は、収容所に入れられた人々や迫害された人々を直視すべきです」

マイトナーは、こういった批判を手紙に書き 1945 年 6 月にハーンに送りましたが、返事はありませんでした。ただ、マイトナーとハーンとの関係はその後も良好で、1960 年代までマイトナーはしばしばドイツを訪問し、ハーンや彼の家族のもとに滞在して旧交を温めています。

核エネルギーの平和利用に貢献 戦後もマイトナーは、ストックホルム王立工学研究所で精力的に研究を続け「R1 プロジェクト」に参加しました。これは、核エネルギーの平和利用として、スウェーデン最初の原子炉を作るプロジェクトでした。1947 年、ストックホルムカレッジ大学において彼女のために個人的なポジションが創設され、その教授として核エネルギーの平和利用に貢献しました。

引退した後は親戚のいるイギリスに渡り、そこで晩年を過ごしました。オットー・ハーンの死（1968 年 7 月）を知らされることなく、1968 年 10 月 27 日、ケンブリッジの老人ホームで帰らぬ人となりました。89 歳でした。

イギリスのハンプシャー州にある彼女のお墓にはこう書かれています。

「リーゼ・マイトナー：ヒューマニティーを決して失わなかった物理学者」

このように、マイトナーの科学者としての人生は、当時の女性差別、人種差別という波にもまれ、必ずしも順調ではありませんでした。

また、ノーベル賞に値する数多くの業績を残しているのにもかかわらず、受賞することなく世を去ったため、その名前は、同じ女性科学者のキュリー夫人などと比べて、一般の人にはあまり知られていません。

しかし、**マイトナーこそ、核分裂という世紀の大発見の最前線に立ち会い、その理論的根拠を与えた大科学者**と言えます。

　不幸にして彼女の発見した核分裂という現象は、すぐに核兵器に使われて
しまいました。そのことに対する贖罪の念があったのでしょうか？　戦後は
核エネルギーの平和利用に尽力しました。

　もっと科学史で取り上げられてもよい科学者であると思います。

第4章
ジェームズ・フランク
(1882 – 1964)
―戦争に翻弄された原子物理学者―

4 ジェームズ・フランク（1882 - 1964）

◇◇

　科学に詳しい人でも、これから取り上げるジェームズ・フランクの名を知る人は少ないでしょう。物理や化学の専門分野では、「フランク－ヘルツの実験」や「フランク－コンドンの原理」にその名を残していますが、それらは少々専門的であり、理解している人も少ないと思います。

　フランクは、「原子に対する電子の照射を支配する法則の発見」という業績で 1925 年にノーベル物理学賞を受賞しています。つまりフランクは、「原子」や「電子」に関する研究者で、核分裂のような「原子核」に関する研究者ではありませんでした。もっとも、現代の物理学では、分野が高度に専門化しているために、「物性物理」と呼ばれる原子や電子を扱う分野と、「核物理」と呼ばれる原子核を扱う分野が分かれています。しかし、核分裂が発見される前は、そのような違いはありませんでした。

　そんなフランクが、核分裂にかかわりを持ったのは、やはり第二次世界大戦の影響と言えます。母親がユダヤ人だった彼は、1933 年ナチスがドイツにおいて実権を握ると、彼の同僚のユダヤ人研究者が解雇されたことに抵抗して、ゲッチンゲン大学の教授ポストを退きます。また、解雇されたユダヤ人科学者が海外で職を得るのを助けています。

　そしてついに、彼はアメリカへの亡命を決断します。そこで彼を待っていた仕事は、**「マンハッタン・プロジェクト」**という原爆の製造でした。

　では、そんな戦争に御弄されたジェームズ・フランクとはどんな人だったのでしょうか？

◇◇

母親がユダヤ人という家庭に生まれる

　ジェームズ・フランクは、1882 年 8 月 26 日にドイツのハンブルグで、銀行家の家に生まれました。彼の父親は、信心深いキリスト教徒でしたが、母親はユダヤ人家族の出でした。

　フランクはハンブルグ市内の小学校、そして男子校のギムナジウムに進みます。当時、ハンブルグには大学はありませんでした。したがって優秀な学生はドイツの他の都市

にある 22 の大学のうちのどれかに行かなければならなりませんでした。

　最初は、法律と経済を学ぼうとして、フランクは 1901 年にハイデルベルグ大学に入りました。というのは、ハイデルベルグ大学は法律の学校として有名だったからです。彼は一応法律の授業に出ましたが、しだいに科学の方に、強い興味を持つようになりました。

大学でマックス・ボルンと出会う

　ハイデルベルグ大学で彼は、同い年の**マックス・ボルン**（1882-1970：ドイツの物理学者。量子力学に関する基礎研究により、1954 年ノーベル物理学賞を受賞）と運命の出会いをします。その後、ボルンとは、終生の友となります。フランクの両親は、彼が科学の道に進むことに反対でしたが、ボルンの助けにより、彼は物理と化学の勉強に変更することを、やっとのことで両親に説得することができました。

　そこでフランクは、数学の講義に出席したりしましたが、そもそもハイデルベルグ大学は、物理や化学などの科学に関しては、それほど有名ではありませんでした。そこで彼は、科学に関する名門のベルリンにあるフリードリッヒ・ウィルヘルム大学に移ることを決心します。

　ベルリンで、フランクは**マックス・プランク**（1 章）の授業に出ています。フランクは、**エミール・ワールブルク**（1846-1931：気体の運動理論、電気伝導度、気体放電、などの研究業績で有名）という教授の下で、博士論文の研究をしました。ワールブルクは彼に、コロナ放電の研究を勧めました。ところが、フランクはこのテーマがあまりにも複雑であると感じ、それとは異なるテーマを選んだのです。それは**「イオンの移動度について」**というテーマでした。移動度というのは溶液の化学的性質を知るうえで重要な性質で、この研究成果は、すでに論文として発表されて注目されるほど優れたものでした。

　さて、博士論文が完成すると、フランクは延期していた徴兵に行かなければならなりませんでした。彼は 1906 年 10 月に徴兵されましたが、運悪く（運よく？）訓練中に落馬事故に遭い怪我をしたため、除隊され、勤労部隊にまわされました。翌年、フリードリッヒ・ウィルヘルム大学に戻った彼は、あるコンサートで、スウェーデンのピアニストであるイングリート・ジョセフソンという女性と出会い、結婚式を挙げます。

　プランクのところでも述べましたが、ドイツで学問の道を追求するためには、博士号だけでは不十分で、「ハビリタツィオーン」（Habilitation）という教授資格を取る必要があります。そのためには、博士論文より長大な論文を書くか、論文として公開された十分な量の仕事が必要でした。そこでフランクは後者の道を選びました。

グスタフ・ヘルツとともに、研究・実験に取り組む

　彼は 1914 年までに 34 報の論文を発表しましたが、中でも実り多い研究は、**グスタフ・ヘルツ**（1887-1975：ドイツの物理学者。後にフランクと共に 1925 年ノーベル物理学賞を受賞）と一緒に行なったものでした。彼はヘルツとの共著で、19 報もの論文を書いています。その甲斐があり、フランクは 1911 年 5 月ハビリタツィオーンの資格を得ることができました。

　さて、フランクは 1914 年、ヘルツとチームを組み、真空管の中から出てくる光に関する実験を始めます。彼らは、ガラス管に満たした希薄な水銀蒸気に電子を当てる実験をして、速度の速い電子が水銀原子と衝突すると、最初のエネルギーからある一定のエネルギー（4.9 電子ボルト）だけ失うことを見出しました。ところが、速度の遅い電子は、エネルギーをほとんど失うことなく水銀の原子で跳ね返されるのでした。

　実は、この実験結果は、**アインシュタイン**の光電効果と
プランクのところで述べたプランクの式を実証するもので、
量子力学の発展にとって極めて重要なものでした。それど
ころか、彼らはその前年に**ニールス・ボーア**（5 章）によっ
て提唱された原子モデルを支持する証拠も提供したのです。
　その鍵となる性質は、「原子の中にある電子は、飛び飛び
のエネルギーを占めている」ということです。衝突の前は、
水銀原子の中にある電子は、そのうちの最も低いエネルギー
レベルを占めていますが、衝突後は、それより 4.9 電子ボル
ト高いエネルギーレベルに移ります。その中間にはエネル
ギーレベルはなく、そのようなレベルに移る確率は存在し
ないということです。
　これはまさに、前述のプランクが提唱した**「原子が光を
放出・吸収する場合，そのエネルギーは連続的でなく，不
連続な量の放出・吸収だけが許される」**という量子仮説の
証明に他なりません。

原子に対する電子の
衝突を支配する法則
の発見

　1914 年 5 月に発表された別の論文で、フランクとヘルツ
は、衝突によってエネルギーを吸収した水銀からの光放出
について報告し、この放出される光の波長がちょうど 4.9 電
子ボルトに相当することを示しました。つまり、その 4.9 電
子ボルトというのは、ちょうど電子が失ったエネルギーに
一致するのです。この成果により、1925 年、フランクとヘル
ツはノーベル物理学賞を受賞しました。その業績の題名
は、「原子に対する電子の衝突を支配する法則の発見」でし
た。

第一次世界大戦勃発
による出征

　さて、1914 年に第一次世界大戦が勃発すると、すぐにフ
ランクはドイツ軍に徴兵され、その年の 12 月、西部戦線の
部隊に送られました。これが生涯戦争に翻弄された科学者
であるフランクの最初の戦争体験となります。フランクの

ような優秀な科学者を徴兵するというのはどうかと思いますが、彼の役割はどうやら軍事面ではなく、科学者としての軍事研究にあったようです。彼はその年、すでに副将校になり、翌 1915 年には大尉に昇進しています。

毒ガスの開発、そして防衛の研究

そして同年、**フリッツ・ハーバー**（1869-1934）が率いる新しい部隊に移されました。フリッツ・ハーバーと言えば、先に述べた通り、空気中の窒素からアンモニアを合成する「ハーバー・ボッシュ法」でノーベル賞を受賞した大科学者です。しかし一方では、塩素を始めとする各種毒ガス開発の指導的立場にあったことから、「化学兵器の父」などという汚名をきせられた人物でもあります。フランクも、このとき、兵器としての塩素ガスの開発に加わりました。その毒ガス開発の労により、ハンブルグ市は彼に「ハンザ同盟軍事賞」なる賞を授与しています。

その後、彼は軍人としてロシアの前線に送られましたが、これまた運悪く（運よく？）赤痢にかかり、ベルリンに戻りました。そしてヘルツや前述の**オットー・ハーン**らと共に、ガスマスクの開発に携わりました。つまり今度は毒ガスから身を守る「防衛」の研究です。

第一次世界大戦終結後、原子内の電子に関する研究を開始

第一次世界大戦が終わると、フランクはフリッツ・ハーバー率いるカイザー・ウィルヘルム研究所に戻ります。そこで彼は若手研究者と一緒に、**原子内の電子に関する研究**を始めます。それは原子内の電子に刺激を与えることにより「励起」された状態に関するものでした。この成果は後にレーザーの開発にとって極めて重要となるものでした。彼らは原子について「準安定」という言葉を作り出しました。それは電子が安定状態以外に、ある一定の時間、ある励起された状態にとどまっている状況を言います。

さて、1920 年、フランクはゲッチンゲン大学に移り、実

験物理学の教授、実験物理学第二研究所の所長になりました。もともとゲッチンゲンは**ダフィット・ヒルベルト**（1862-1943：ドイツの数学者で「現代数学の父」とも呼ばれる）や**ヘルマン・ミンコフスキー**（1864-1909：リトアニア生まれのドイツ人数学者。アインシュタインの特殊相対性理論における「時空」について数学的基礎を与えた）などを輩出した数学のメッカでしたが、物理に関してはそれほどでもありませんでした。しかし、その状況はボルンとフランクの存在もあり、大きく変わりました。

　フランクは、少ない設備ながら、自分のポケットマネーを使って研究室を一新しました。またたくまに、ゲッチンゲン大学は、物理学における世界的なセンターに化したのです。フランクの研究室は学生に大変人気があり、その入学許可は非常に競争が激しかったと言われています。

　この頃のフランクの研究としては、冒頭に述べた**「フランク－コンドンの原理」**があります。これは、分光学と量子化学に関する基礎的な原理であり、あるエネルギーの光を吸収したり放出したりすることにより生じる分子内の振動やエネルギーレベルを説明するもので、その後の物理化学に関連する多くの現象へ適用される極めて重要な原理となりました。

1933年、ナチが政権を握ると…

　ところが、このような良い研究環境は、戦争の足音とともに終わりを迎えます。それは1933年の選挙でナチ党が勝ち権力を握ったからです。その翌月、ナチはユダヤ人の公務員や政府に反対する人を引退させたり解雇させたりできる悪名高き「ドイツ国再建に関する法」というのを制定しました。フランクはユダヤ人の母親を持っていましたが、第一次世界大戦の退役軍人でしたから、それをまぬがれることができました。しかし、彼はその年の4月に自主的に

退職願を提出しています。このことに関して、彼は後年、次のように述べています。

「科学は私の神であり、自然は私の宗教である」

彼は、ユダヤ人の伝統に誇りを持っていましたが、それを表に出すことはなく、宗教に関して公に発言することもありませんでした。ただ、この法律に対する抗議の意思表示として、自ら退職するという道を選んだのです。

世界の新聞は、著名な科学者の辞職として、このことを記事にしました。しかし、どの政府もどの大学もこれに抗議しませんでした。それほどナチの圧力は強まっていたのです。フランクは、ドイツを脱出する決意をしましたが、その直前に、解雇されたユダヤ人科学者が海外で新しい職を探すのを手助けしています。

ドイツを脱出して
アメリカへ亡命

さて、ドイツを脱出したフランクは、まずアメリカに渡りました。そこで彼は、ジョンス・ホプキンス大学で重水（質量数が2の重水素を含む、通常の水より重い水）の光吸収に関する研究をしました。その後彼は、コペンハーゲンのニールス・ボーア研究所に職を得て、再びヨーロッパに戻ります。そこで彼は、以前行なっていた**気体と液体の蛍光に関する研究**を続けます。

さらに彼は、関連する研究として、光の生物学的側面、すなわち光合成に興味を持ち始めました。光合成は、植物が光を吸収し二酸化炭素と水から有機物を生成する過程で、現代でも生物学における最大の研究テーマですが、さすがにフランクの目の付け所はたいしたものです。彼は後年にこのテーマに戻ることになります。

ところで余談ですが、フランクは、戦時中危険を感じて、ノーベル賞受賞の際にもらった金のメダルを、安全のため<u>ニールス・ボーア</u>に預けていました。1940年4月、ドイツ

がデンマークに侵攻したとき、ハンガリーの化学者である**ゲオルク・ヘベシー**（1885-1966：化学反応研究における同位体の応用研究で 1943 年にノーベル化学賞を受賞）は、ドイツ軍から守るために、この金のメダルと**マックス・フォン・ラウエ**（1879-1960：後述）のメダルを、なんと酸の溶液に溶かしてしまいました。彼は、ニールス・ボーア研究所の研究室の棚にこの溶かした金の溶液を隠していました。戦後、彼はこの金の溶液が無事であることを確認し、酸の溶液から再び金を析出させたのです。ノーベル財団は、それに再びノーベル賞の刻印をしたということです。

　1935 年、フランクは再びアメリカのジョンス・ホプキンス大学に行き、その教授となりました。ただ、この大学は当時、ゲッチンゲンに比べると貧相なもので、スタッフを雇うお金もありませんでした。フランクは、ドイツに残してきた家族のことも気になっていました。そして彼らをアメリカに呼び寄せるお金が必要だったのです。

　彼はそこで、1938 年、より資金の豊富なシカゴ大学からのオファーを受け入れ、シカゴに移ります。そこで彼は再び、**光合成などの光化学に関する研究**を始めます。フランクがここで書いた最初の論文は、結晶中における光化学反応に関するものでした。そんな中、彼は 1941 年にアメリカの市民権を得ています。したがって、1941 年 12 月にアメリカがドイツに宣戦布告したとき、彼は敵国人ではなかったことになります。

第二次世界大戦勃発により「マンハッタン・プロジェクト」に関わってしまう　第二次世界大戦が始まると、またしてもフランクの人生は戦争に翻弄されます。戦争が始まった 1942 年 2 月、**アーサー・コンプトン**（7 章）がシカゴ大学に冶金研究所を創設しました。金属材料に関する研究所です。その目的は、原子爆弾製造にかかわる**「マンハッタン・プロジェクト」**

の一環として、原爆に使うことができるプルトニウムを生産できる原子炉を作ることにありました。コンプトンは、その部長としてフランクに白羽の矢を立てましたが、フランクは、自分がかつてドイツ人だったことで躊躇しました。この件に関して、コンプトンは後に、次のように書いています。

「私たちのプロジェクトに加わることをフランクは何と喜んだことだろう！　その仕事は、自由という大義に関して仕事をするチャンスを彼に与えたのだ。彼は次のように言ったのだ。"私が戦っているのはドイツの人々ではない。私が戦っているのはナチである。ナチの支配者の力を打ち破るまで、ドイツ国民は希望を持つことができないのだ"と」

フランクはそれなりの人格者だったようで、冶金研究所の研究者たちは、フランクを年長の立派な人として尊敬の念を持って歓迎し、彼の指導に喜んで従いました。フランクは研究所の化学部門を指導し、結果として間接的に原子爆弾の製造にかかわる材料の開発に関わってしまいました。

しかしフランクの心の中では、原爆製造に関する後悔と自責の念があったと思われます。というのは、その一方で、原子爆弾の製造にかかわる政治的、社会的問題に関する委員会を主宰し、その委員長も務めているのです。原子爆弾が完成する直前の 1945 年、フランクは次のように語っています。

「人類は政治的に核の力を賢く使う用意をすることなしに、核の力を解放することを学んでしまった」

これはまさに、本書の前書きで述べた「人類にとって、核分裂はあまりにも早く発見されすぎた」ということに他なりません。

この委員会の最終報告は、**「フランクレポート」**として知られています。そのレポートは、日本に原子爆弾が落とさ

れる直前の 1945 年 6 月 11 日に完成しましたが、その中で日本に対して、市民に警告することなしに原子爆弾を使うべきでないと勧告しています。しかし結局、アメリカ政府は、その委員会の報告を無視してしまったのです。核エネルギーの利用が、不幸にして原爆の製造から始まってしまったのは、まぎれもない事実です。

　その一方では、この時代に原爆製造にかかわったアメリカの多くの科学者が、フランクのような後悔と自責の念にかられました。科学技術の進歩が多くの場合、戦争時の軍事研究によってもたらされたことは事実ですが、基礎的な研究では、研究段階でその成果が、後に実際の戦争に使われるかどうかは、研究者にはわかりません。

　しかし原子爆弾の場合は、研究開発の開始から、たった３年間で完成し、それが「ナチを打ち破る」という当初の目的から逸脱して、何十万人もの一般市民の命を一瞬で奪うことになってしまいました。フランクの科学者としての自責の念は計り知れないくらい大きかったと思います。そのことに関する科学者としての是非は、後世の評価にゆだねるしかありません。

　それは、今日では宇宙、バイオテクノロジー、コンピュータ、AI、ロボットなど、多くの科学技術の研究者にも言えることでしょう。

　大戦後フランクは、以前から興味を持っていた光合成のメカニズムを解明する研究に戻りました。フランクをよく知る<u>リーゼ・マイトナー</u>（3章）は、フランクについて次のように回想しています。

　「彼はある問題に関して議論するのを好んだ。彼は、他の者を説得するために語るというよりは、自分自身の心を満足させるために話すのだった。いったん、ある問題が彼の

興味をひくと、彼は完全にそれに魅了され、取りつかれる
のだった。常識と単刀直入なロジック、そしてシンプルな
装置が彼の持ち味だった。彼の研究は、初期の鉄の移動度
の研究から、後年の光合成の研究まで、ほとんどひとつの
線をたどっていった。原子や分子とのエネルギーのやり取
りが常に彼を虜にしていたのであった」

　フランクはアメリカで晩年を過ごしましたが、1964 年、
思い出の土地であるドイツのゲッチンゲンを訪れていたと
き、心臓発作を起こし、その地で帰らぬ人となりました。
1967 年、シカゴ大学の研究所は、彼にちなんで、「ジェームズ・
フランク研究所」と名付けられています。

◇◇◇

　以上のように、ジェームズ・フランクは、もともとは**原子や分子の性質や
光合成**などの純粋に基礎的な研究に興味を持つ科学者であり、ノーベル賞も
その基礎的研究に与えられました。

　しかし、彼の科学者としての人生は終始戦争にかかわりを持ち続けました。
第一次世界大戦への従軍から始まって、毒ガスの開発、それを防ぐガスマス
クの開発、大戦後はナチスへの反抗とアメリカへの亡命。そして彼を待って
いたのが第二次世界大戦の勃発と原爆製造の**「マンハッタン・プロジェクト」**
への参加。そして、市民への原爆の使用に関して警告した**「フランクレポー
ト」**の作成です。

　これらを見ると、フランクの心は、科学者としての純粋な興味と、それが
戦争に使われたときの自責の念の間を常に揺れ動いていたのではないでしょ
うか？

　今日でもあらゆる分野の科学研究は、軍事転用が可能であり、科学者もそ
のことの是非に関して無関心ではいられなくなっています。フランクはまさ
に「戦争に翻弄された」不運の科学者であり、彼が戦争に対してとった姿勢
の是非は後世の評価にゆだねるしかありません。

◇◇◇

第5章
ニールス・ボーア
（1885 – 1962）
―原子模型を提案したデンマークの偉人―

◇◇

「デンマーク」という国から、何を思い浮かべるでしょうか？　多くの方は童話作家のアンデルセンを思い出すかもしれません。しかし、科学の分野でもデンマークは多くのトップクラスの科学者を輩出しています。デンマークの人口は日本の約20分の1ほどですが、すでに科学部門で10人のノーベル賞受賞者を出しています。

その中でも、ニールス・ボーアこそ、デンマークで最も偉大な科学者です。

彼は、原子中の電子の安定なエネルギーは飛び飛びであり、あるエネルギーから他のエネルギーへ飛び移ることが可能であると提唱しました。これが原子に関するいわゆる**「ボーアモデル」**です。**このボーアモデルが原子、分子のミクロな物理を扱う量子力学の確立に大きく貢献**し、そのことが後の核分裂の発見へと導きました。

一方でボーアは、母親がユダヤ人の血を引いていたため、戦争という時代の波に流されます。ドイツにおいてナチが台頭した1930年代、ナチズムから逃れた難民を助けています。そしてデンマークがドイツに占領されたとき、彼はドイツ当局の逮捕から逃れるため、スウェーデンに渡りました。そこから彼はイギリスへ飛び、連合軍側であるイギリスの核爆弾製造のプロジェクトに参加しています。

実はそれはアメリカが進めていた原爆製造の「マンハッタン・プロジェクト」に関して、イギリスが分担する研究開発だったのです。

このことの反省から、彼は戦後、核エネルギーに関する国際協力を訴えました。

さて、そのような激動の人生を送ったニールス・ボーアとは、どのような人だったのでしょうか。

◇◇

コペンハーゲンにて生まれる　ボーアは1885年10月7日にデンマークの首都であるコペンハーゲンで生まれました。彼の父親のクリスチャン・ボーアも物理学者で、コペンハーゲン大学の物理学教授をしていました。母親のエレンは、裕福な銀行業を営むユダ

ヤ人一家の娘でした。

　ボーアの家族はスポーツ一家でもあり、彼の弟であるヘラルドは、なんと、1908 年のロンドンオリンピックにサッカーチームの選手として出場しています。ボーア自身も、熱心なサッカープレーヤーでした。2 人の兄弟は一緒に、コペンハーゲンのサッカークラブで何回かプレーしました。ボーアのポジションはゴールキーパーでした。

物理学のほか、天文学、数学、哲学も学ぶ

　ボーアは、7 歳のときから、ラテン語学校（ラテン語の修得に重点を置く男子のみの学校）で教育を受けたのち、コペンハーゲン大学に入り、物理学を専攻しました。そのときの先生は、**クリスチャン・クリスチャンセン**（1847-1913）という人でした。このクリスチャンセンは、光の屈折率と反射率の関係によって光の透過する量が変化する現象（クリスチャンセン効果）などを発見した大科学者でした。同時にボーアはコペンハーゲン大学で、天文学、数学、哲学なども学んでいます。

　ボーアが 20 歳になった 1905 年、物理学のある問題の解決に関し、デンマーク王立科学アカデミーがスポンサーとなり金メダル競争が行なわれました。こういった科学の問題に関して懸賞をかけるというのは、当時のヨーロッパではよくあることだったようです。この問題は、光の散乱理論で有名で、レーリー卿として知られている**ジョン・ウィリアム・ストラット**（1842 -1919）が 1879 年に提案した**「液体の表面張力を測定する方法」**に関する研究でした。

　これには、ウォータージェット、つまり霧吹きの水滴の半径を測定する必要がありました。この問題を解くため、ボーアは、大学にある彼の父親の研究室を使って一連の実験をします。彼はこの実験をするために、楕円形の断面を持つガラス管を自分でガラス細工をして作りました。ガラ

ス細工というのは、どちらかと言うと化学や生物を専攻する学生が学ぶものですが、理論家であるボーアが自らガラス細工をするというのは、なにやら微笑ましく、小国であるデンマークならではという感じがします。彼はこれにより課題を解決するのに必要な量以上の実験をして、レーリー卿の理論の改善や、水滴の粘度を考慮した独自の計算方法などを提案しました。そして見事に懸賞を獲得したのです。

　さて、修士論文のテーマとして、指導教官のクリスチャンセンは、ボーアに**金属の電子理論**に関するテーマを与えました。金属に限らず、固体の中で電子がどう振る舞うかという問題は、物性物理の中でも最大の課題であり、現在でも最先端の機器を使って多くの研究が行なわれています。ボーアはこの課題について修士論文をまとめたうえで、さらにそれを発展させ、より長い博士論文にまとめました。

　彼の理論は、金属中の電子がガスのように振る舞うというモデルで、これは基本的に現在でも採用されている理論です。さらにボーアの優れた点は、この理論だけでは、金属の磁気的な性質を十分には説明することはできないことを、すでにこの時点で結論していることです。実は、金属に限らず、固体の磁気的な性質というのは、ひとつひとつの電子の回転（スピン）を考える量子力学でなくては説明できないことがわかっていますが、当時はまだ量子力学はおろか、スピンという概念もありませんでしたから、ボーアの先見性はたいしたものです。

日本の科学者にも通じる、母国語の壁

　このように、ボーアの博士論文は、それまでの常識を覆す画期的なものでしたが、こういった革新的な理論の常として、彼の理論はスカンジナビア諸国以外では、あまり注目されませんでした。そのもうひとつの理由は、コペンハーゲン大学の要請により、博士論文がデンマーク語で書かれていたからです。デンマークは当時の科学先進国と言えま

すが、いかんせんデンマーク語はマイナー言語で、理解する人は少なかったでしょう。今日の日本でも、大学の博士論文は日本語で書くことが一般的な大学が多いようですが、やはりどの国でも愛国心はあるようです。

　1910年、25歳になったボーアは数学者の妹であったマルグレーテと結婚しました。2人の間には6人の子供が生まれましたが、そのうち2人の男の子は若くして亡くなりました。4番目の息子である**オーゲ・ニールス・ボーア**（1922-2002）は後に父親同様、優れた物理学者になり、1975年にノーベル物理学賞を受賞しています。

　さて、26歳になったボーアは、1911年、デンマークのビール製造で有名なカールスベルグ財団の資金援助を得て、イギリスに留学しました。やはりデンマークは小国なので、最先端の科学を学ぶためには、当時、原子や分子の構造に関する理論的研究の中心であるイギリスに行く必要があったのです。

　ボーアはケンブリッジ大学のキャベンディッシュ研究所とトリニティカレッジの研究者で**ジョゼフ・ジョン・トムソン**（J.J.トムソン：1856-1940）に出会いました。J.J.トムソンは先にも出てきましたが、1897年に電子を発見したことで知られる大科学者です。ボーアはJ.J.トムソンの下で研究を始めました。J.J.トムソンが電子の発見に至った装置は「陰極線管」というもので、真空に引いたガラス管にプラスとマイナスの2つの電極を置き、その間を放電させるというものです。ボーアも、その陰極線に関するいくつかの研究をしました。しかし、ボーアが得た結果を見たJ.J.トムソンは、あまり興味を引くことはなかったようです。

　そこでボーアは、オーストラリアの若い物理学者である**ウィリアムス・ローレンス・ブラッグ**（1890-1971：イギリ

スの物理学者でX線回折を用いた物質の構造研究により1915年、25歳の若さで父親とともにノーベル物理学賞を受賞）と前述の**アーネスト・ラザフォード**（2章）と一緒に仕事を始めました。ラザフォードは、ボーアよりも14歳年長で、ちょうどこの頃の1911年に、先に述べた通り、電子が原子核の周りを回っているという有名な原子モデルを提唱していました。ラザフォードらとの研究が成果をあげ、これによりボーアは、ラザフォードの推薦により、マンチェスターのビクトリア大学で博士研究員として研究を始めました。

ボーアモデルの発表　そして翌年の1912年、ボーアは母国であるデンマークのコペンハーゲン大学の講師となりました。そこでは主に、学生に対して熱力学の講義をしましたが、一方では研究において彼の最大の業績である原子の構造に関する**ボーアモデル**を発表しています。

これは「原子および分子の構成について」という題名で、1913年、7月、9月、11月と矢継ぎ早に3篇の論文として発表されました。このボーアの電子モデルは、ラザフォードの原子構造の欠点を補う画期的なものでした。というのは、ラザフォードの原子模型によれは、電子は原子核の周りを回っていますが、古典電磁気学では電荷を持った粒子が円運動をすると、その回転数に等しい振動数の電磁波を放射しエネルギーを失ってしまうという欠陥があったのです。

そこでボーアは、電子が特定のエネルギー状態に対応する軌道を運動すると仮定し、この問題を解決しました。つまり、原子内の電子は「飛び飛びのエネルギー」の軌道を回っているというわけです。ちょうど太陽系を思い浮かべるといいでしょう。太陽の周りを地球などの惑星が回っていますが、それらの軌道半径はほぼ決まっています。

ボーアの量子条件

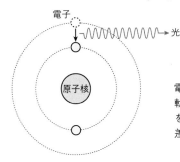

電子

原子核

光

電子は飛び飛びのエネルギー持つ
軌道を回っているが、2つの軌道間
を飛び移るとき、そのエネルギー
差に相当する光を放出する。

　ただ、この原子核の周りを電子が回っているというモデル自体は決して新しいものではありませんでした。前述の通り、たとえば日本の長岡半太郎（1865-1950）はすでに1904年に同様の原子模型を発表していましたし（38ページ）、そもそも前述のラザフォードの原子モデルも、外見的には同じものです。

　しかし、ボーアのモデルの優れた点は、電子が飛び飛びのエネルギー状態を、ある条件のもとに飛び移ることができると仮定し、その過程で、2つのエネルギー差に相当する光を放出するというアイディアを導入したことです。これを「ボーアの量子条件」と言いますが、これにより、原子から出る光の波長（振動数）をうまく説明できるようになりました。またボーアは、原子の化学的性質は、外側の軌道にある電子の数によって決まることも提案しています。このボーアの量子条件は、後の量子力学、量子化学の発展の基礎となる重要な成果でした。

　当時の物理学では、あらゆる物理量は連続であると考えられていました。現代でも、長さ、重さ、速度など、私たちが実感できる物理量は連続に見えます。電子のエネルギーが「飛び飛び」であるというこのボーアの提案は、あまり

にも画期的であったため、当時の物理学界の重鎮である
J.J.トムソン、レーリー卿などの古い物理学者は、ボーアの
理論に否定的でした。

　一方、**ラザフォード**（2章）、**アインシュタイン**、**エンリコ・フェルミ**（8章）などの若い物理学者たちは、それが物理のブレークスルーであることに気づいていました。今日では、ボーアの原子モデルはさまざまな修正が加えられていますが、原子モデルとしてはいまだに最もよく知られたものであり、高校の物理や化学の教科書にしばしば登場します。

　さて、ボーアが3部作を発表した翌年、彼はラザフォードからの招待により、再びイギリスのマンチェスターに戻る決断をしました。

　ちょうどこの頃、第一次世界大戦が勃発しました。第一次世界大戦では、デンマークはスウェーデン、ノルウェーとともに中立を維持していました。しかし戦争のため国外への移動が制限され、妻のマルグレーテを連れてのイギリス行きは、困難を極めました。ボーアらはなんとか無事にマンチェスターにたどり着き、そこで2年ほどそこで研究をしています。そして、1916年ボーアはコペンハーゲン大学に戻り、その理論物理学教授の主任となります。

　すでにデンマークの科学界の指導的立場にあったボーアは、1917年、理論物理学の必要性を痛感し、新たな研究所を創設する運動を始めました。彼はデンマーク政府と前述のカールスベルグ財団から援助を受け、また産業界や個人からもかなりの寄付を集めました。これらの寄付をした人の多くは、ユダヤ人でした。なんとか資金を調達し、1921年3月、やっとのことで研究所の設立にこぎつけました。

　今日、この研究所は「ニールス・ボーア研究所」として

知られています。この研究所は、1920 年代から 1930 年代において、量子力学や関連する分野の研究者の中心的存在となりました。この間、世界の著名な理論物理学者のほとんどが、ここを訪れています。そして 1922 年、ボーアはノーベル物理学賞を受賞。その受賞理由は**「原子の構造に関する研究とそれらから発生する放射線に関する研究」**でした。

　この研究所でボーアは単に所長としての管理職だけでなく、自身の研究も進めます。そのなかで、特筆すべきは化学の分野への貢献でしょう。先ほど、ボーアは、原子の化学的性質が、外側の軌道にある電子の数によって決まることも提案したことを述べました。この性質を使うことにより、ボーアは、まだ発見されていない原子番号 72 の元素が、ジルコニウムと似た性質を持つ元素であることを示しました。実はこの原子番号 72 の元素はフランスの化学者が新しい希土類元素であるとして発表していて、それを「セルチウム（celtium）」と名付けていたのです。

　ボーアらは、**ダーク・コスター**（1889-1950）、**ゲオルク・ド・ヘベシー**（1885-1966：ハンガリーの化学者。同位体の応用研究などで 1943 年ノーベル化学賞受賞）らとフランスの科学者の間違いを指摘し、その元素が希土類元素ではないことを示し、それを「ハフニウム」と名付けました。ハフニアというのは、コペンハーゲンのラテン語読みです。このように、電子のエネルギーが飛び飛びであるということは、元素の化学的性質も決定する重要な理論となったのです。

　さて 1920 年代に、コペンハーゲンのボーアのもとを訪ねた人の中には、**ヴェルナー・ハイゼンベルク**（9 章）、**ポール・ディラック**（1902-1984：イギリスの理論物理学者で、量子力学の分野で多くの貢献をし、1933 年にノーベル物理学賞を受賞）、**エルウィン・シュレーディンガー**（1887-1961：オー

ストリアの理論物理学者で、量子力学の基本方程式である
シュレーディンガー方程式を提唱。1933 年にディラックと
共にノーベル物理学賞を受賞）など、量子力学の創成期に
重要な役割を果たした錚々たる面々がいます。

助手であるハイゼン
ベルクが「不確定性
理論」を発表

なかでもハイゼンベルクは、1926 年から 1927 年にかけて、
コペンハーゲン大学でボーアの助手として働きました。そ
してこのとき、ハイゼンベルクは世に言う**「不確定性理論」**
を発表しています。それは、量子力学に従う系の 2 つの物
理量（たとえば位置と運動量、時間とエネルギー）を正確
に決めることはできないという、画期的な理論でした（後
述）。ボーアは当初、この理論に納得できませんでしたが、
やがて、この不確定性理論が、量子力学的言葉や行列など
の数学的記述を使わなくても、単に古典的議論から得られ
るものであることを示しました。

アインシュタインと
の論争と友情

ところがその頃、<u>アインシュタイン</u>は、すべての物理量
は決定できるという立場からこのことに反対しました。こ
のアインシュタインの立場は、「神はサイコロを振らない」
という言葉で有名ですが、ボーアとアインシュタインは、
生涯を通じてこの不確定性原理に関して、立場を異にして
論争しました。しかしその論争は、決して相手を打ち負か
そうという攻撃的なものではなく、深い友情に包まれた実
りある議論だったのです。このようにボーアとアインシュ
タインの友好的な論争は 30 年以上にも及びました。アイン
シュタインはボーアに書いた手紙の中で、次のように語っ
ています。

「人生において、あなたのように、ただ存在するだけで私
を喜ばしてくれる人間はいない」

また、こんなエピソードもあります。あるとき、2 人は
会議に向かう途中、会話に夢中になりすぎて電車の駅を乗
り過ごしてしまいました。行き過ぎたことに気づいた 2 人

は電車から降り、逆向きの電車に乗りました。しかしまたしても、議論に夢中になり、降りるべき駅を通り過ぎてしまったということです。（最後はどうなったのでしょうか？）

　さて問題の 1938 年 12 月がやってきました。この年、本書の主題である**ウランの核分裂**がドイツの**オットー・ハーン**により発見されました。この発見は瞬く間に物理学者間に強烈なインパクトを与えました。ボーアは、ちょうどそのときアメリカに講演旅行に行く予定だったので、このウランの核分裂発見のホットニュースをアメリカに持って行きました。テレビもインターネットもないこの時代は、ボーアのような大科学者みずからが海を渡って伝えるのが、一番インパクトがあったのです。

　事の重要性に気づいたボーアは、核分裂の発見の翌月の 1939 年 1 月、アメリカで**エンリコ・フェルミ**（8 章）とともに第 5 回ワシントン会議という国際会議を開きました。現在でも国際会議を開催するとなると大変な事前準備が必要ですが、1 か月で開催したとは驚きです。

　この会議の前、ボーアはウランが中性子を吸収するエネルギーと、それが核分裂によって崩壊するエネルギーがどうしても一致しないことについて考えをめぐらしていました。そして以前、**リーゼ・マイトナー**（3 章）や彼が考えていた原子核の液滴モデル（原子核が、ちょうど液体のしずくのようになっているという考え方）に思いを巡らせました。そして会議での議論の最中、突然ひらめいたのです。

　それは、核分裂するのは、最も多い質量数が 238 のウランではなく、質量数が 235 のウランの同位体であるということです。そしてボーアらは新しい理論を構築し、1939 年 9 月に**「核分裂の機構」**という表題の論文を発表しました。このボーアの考えが正しいことは、翌 1940 年 4 月、実験的

に証明されたのです。

ナチズムの台頭によるドイツ脱出の科学者支援

　さて、少し時代はさかのぼりますが、1930年代初頭からドイツにおけるナチズムの台頭は、ユダヤ人の研究者や、ナチズムの統治に反対の政治的思想を持っている多くの学者を国外逃亡に駆り立てました。1933年、アメリカのロックフェラー財団は、このような逃亡する研究者を助けるファンドを立ち上げました。そして、ボーアはこのことを、1933年のアメリカ訪問中にロックフェラー財団の理事長であるマックス・メーソンに相談しました。ボーアは、もし財団が資金を提供してくれれば、逃亡する科学者に一時的に研究所の仕事を提供することを申し出ました。そして究極的には、世界の研究施設で彼らを雇う場所を探すことを提案したのです。そして実際ボーアは、多くの科学者を助けました。

　しかし、1940年4月、第二次世界大戦の初期、ドイツのナチはデンマークに侵攻し、これを占領すると、研究所の運営は困難になり、多くの研究者が去っていきました。

　ボーアは前述の通り、核分裂を起こすのは質量数235のウランであることを知っていました。ですから、もしこれを爆弾などの兵器に利用するならば、ウラン235が必要であることに気づいていました。彼はそのことを、戦争が始まる直前、イギリスとデンマークでの講演で、すでに発表していました。しかし同時に、彼はそれに必要な十分な量のウラン235を製造することは技術的に不可能であると思っていました。

ドイツの核開発責任者であるハイゼルベルクとの繋がり？

　1941年9月、ドイツの核エネルギープロジェクト、つまり原爆製造のリーダーとなっていた**ハイゼンベルク**（9章）は、デンマークのコペンハーゲンにいるボーアのもとを訪問しました。この会合の中、2人は外でプライベートな時

間を多く過ごしました。そのことが、多くの憶測を呼んだのです。というのは、ドイツの核開発のリーダーのハイゼンベルクが、いわば敵国であるデンマークの核物理の権威であるボーアと何やら秘密の相談をしていると思われたからです。

この訪問に関して戦後、原子力科学者のプライベートな歴史を描いた『太陽より千倍以上明るく』という本を書いていたロバート・ジャンクという人に宛てた手紙の中で、ハイゼンベルクは次のように語っています。

「私は、ドイツの科学者の見解をボーアに伝えるためにコペンハーゲンを訪ねた。それは原爆の製造が可能であり、それが双方の科学者に、多大な責任を押し付けるということだ」

つまりハイゼンベルクはドイツの原爆製造の責任者であったけれども、そのことの道義的責任はすでに感じていて、それを敵国にいるボーアに伝えたかったのだということです。これはハイゼンベルクの責任逃れの言い訳かもしれません。これに対して、ボーアはジャンクの本のデンマーク語訳を読んだとき、ハイゼンベルクに次のように手紙を書きました。

「私は、ハイゼンベルクの訪問の目的がわからなかった。そして、ドイツが戦争に勝つであろうということ、そしてそれには原子爆弾が決定的な役割を果たすであろう、というハイゼンベルクの意見にショックを受けた」

これによるとボーアは、すでにドイツが原子爆弾を製造することができ、それによって戦争に勝利するという危機感を抱いていたと思われます。それがボーアを次のマンハッタン・プロジェクトへの参加に駆り立てたのかもしれません。

デンマークを脱出してイギリスへ

　第二次世界大戦も後半に入った1943年、ボーアと弟のヘラルドは、ナチが彼らの家族をユダヤ人だと考えているという知らせを聞きました。実際、すでに述べた通りボーアの母親はユダヤ人の家族の出でした。そのため、彼らには逮捕される危険が迫っていたのです。ボーアは愛するデンマークから去る決意をしました。デンマークの抵抗勢力は、その年の9月にボーアと彼の妻がスウェーデンに船で逃れるのを助けてくれました。ボーアはただちにスウェーデン王のグスタフV世を説得し、ユダヤ人難民のために保護施設を提供するように要請しました。スウェーデン政府はすぐに保護施設を用意することを決定し、実際に多くのデンマークのユダヤ人が保護されたのです。

　ボーアがデンマークから脱出したとのニュースは世界各国に届き、イギリスからもボーアに対する招待がありました。その招待により、ボーアは、1943年10月にモスキートというイギリスの爆撃機に乗ってスコットランドに着きました。このモスキートという飛行機は爆撃機ですが、非武装の高速機で、小さな貴重品や重要な乗客を運べるように改造されたものでした。高速で高い高度を飛ぶので、飛行機はドイツが占領しているノルウェーの上空を、ドイツの戦闘機に見つからずに飛ぶことができたのでした。飛行中、ボーアはパラシュートや酸素マスクを身につけ、必死の覚悟で飛行機の爆弾室のマットレスに3時間横たわっていました。しかしそれでも彼は酸欠のため気を失い、飛行機が北海上空で高度を下げていったとき、やっと意識が戻ったのです。

　イギリスでボーアは、**チャドウィック**（1891-1974：イギリスの物理学者で、中性子の発見により1935年にノーベル物理学賞を受賞）らに温かく迎えられました。しかし戦火が激しくなってきたので、安全上の理由から、ボーアは人

目に触れないように隠密に行動しました。彼は、イギリスにおける合金核兵器開発チームに加わりました。そこでボーアは、核兵器に関する技術が大幅に進歩しているのに驚かされました。チャドウィックはボーアにチューブ合金の指導者としてアメリカを訪問する手配をしました。

　1943 年 12 月、ボーアはアメリカに向かい、ワシントン D.C. に着きました。まず彼は、ニュージャージーのプリンストン研究所にいる**アインシュタイン**と**ヴォルフガング・パウリ**（1900-1958：オーストリアの物理学者。スピンの理論、パウリの排他律などで知られ、1945 年にノーベル物理学賞を受賞）を訪問しました。そして次に向かった先はニューメキシコ州です。そこでは、原爆の製造を目指す「マンハッタン・プロジェクト」が行なわれていたのです。安全上の理由から、アメリカでは彼は「ニコラウス・ベッカー」という偽名で行動しました。

　実は、マンハッタン・プロジェクトのリーダーである**ロバート・オッペンハイマー**（10 章）はボーアに、核分裂を誘発する中性子源（イニシエーター）の開発という重要な部分を任せました。しかしこのときボーアは、「彼らが原子爆弾を作るのに私の助けは必要ないであろう」と言ったとされています。このことは、ボーアが謙遜していったのか、あるいは兵器製造にかかわることに道義的責任を感じて、わざと手を抜いたのかはわかりません。いずれにせよ、ボーアはマンハッタン・プロジェクトにかかわりを持ちながら、あまり積極的な役割を果たさなかったことは事実です。

　ボーアは、核兵器が国際関係を変えるであろうことを早くから予想していました。戦争も終わろうとしていた 1944 年 4 月、ボーアはソ連の**ピョートル・カピッツァ**（1894-1984：ロシア生まれの物理学者。1978 年に低温物理学における基礎的研究によりノーベル物理学賞を受賞）から手紙を受け

取りました。その手紙の中でカピッツアは、ボーアをソ連に招待していました。第二次世界大戦中のソ連は、一応アメリカ、イギリスの同盟国でした。しかし、この手紙を読んで、ボーアは、ソ連がイギリスとアメリカの核兵器開発プロジェクトに気づいていて、それに追いつこうとしている危険性をすでに予見していたのです。ボーアは、カピッツアに対して、ソ連に行く気がないことを伝えました。

　ところが、アメリカ側の核開発リーダーであるオッペンハイマー（10章）は、ソ連と共同で核兵器開発を進めたほうが早いと考えていました。そこでボーアに、ルーズベルト大統領を訪問し、マンハッタン・プロジェクトをソ連と共同で進めるように要請してくれと頼みました。そしてボーアとルーズベルト大統領の2人の会談が1944年8月26日に実現したのでした。

　ルーズベルトは、ボーアにイギリスに行き、イギリスの同意を得るようにと言いました。しかし当時のイギリス首相チャーチルは、ソ連と親しいボーアの行動を疑っていたのです。というのはチャーチルとルーズベルトがロンドンで会った際、彼らはすでにボーアのソ連と親しい活動に疑念を抱き、彼の行動を調査するべきだと考えていたからです。特にボーアが核兵器に関する機密情報をソ連に漏らさないようにすべきであると考えていたのです。

　そんなわけで、結果的には、皮肉なことにボーアの思惑通り、原爆製造のマンハッタン・プロジェクトにソ連が加わることはありませんでした。このことは、結果として不幸にも戦後の米ソの核開発競争につながっていきます。

戦後、核エネルギーの平和利用のために国際原子力機関創設

　戦後の1950年、ボーアは、国連に公開書簡を送り、その中で、核エネルギーに関する国際協力を呼び掛けました。ソ連が最初の核実験を行なったのちの1957年、ボーアらの

提案により**国際原子力機関（現在の IAEA）**が創設されました。

　さて、戦争が終わると、ボーアは 1945 年 8 月 25 日にコペンハーゲンに戻りました。ボーアは第二次世界大戦の科学、特に大掛かりな装置を使った物理学が、多額の資金を必要としていることを痛感していました。戦後の経済大国はアメリカです。そのためヨーロッパの優秀な科学者が資金のあるアメリカに「頭脳流出」する例が多くなりました。そこで、アメリカへの頭脳流出を防ぐため、ヨーロッパの 12 か国が一緒になり、大掛かりな装置を使った物理学の最先端研究を行なう施設を創設する機運が盛り上がってきたのです。それは、ひとつの国では困難な多量の資金や資源が必要なビッグサイエンスを行なう目的の施設です。

　そこで、研究所をどこに作るかという問題が生じました。すでにヨーロッパ物理学界の重鎮となっていたボーアは、自らが主宰するコペンハーゲン研究所が理想的な場所であると感じました。これに対し、**ピエール・オージェ**（1899-1993：オージェ電子を発見したフランスの物理学者。3 章参照）は反対しました。オージェは、ボーアの研究所はもはや過去のものであると感じていたうえ、ボーアの存在があまりにも大きすぎて、そこでの研究が彼の影響下になってしまうと危惧したのです。

ジュネーブに欧州原子核研究機構を設立

　長い議論の末、1952 年新しい研究所は、スイスのジュネーブに作ることでボーアも合意しました。この研究所は欧州原子核研究機構（CERN）と呼ばれ、今日でも素粒子物理学の世界的メッカとなっていて、ノーベル賞をはじめ多くの世界的な成果をあげています。

　このように戦後も、基礎研究の発展に尽力したボーアでしたが、1962 年 6 月に脳溢血に倒れ、一時的に回復したものの同年 11 月に生まれ故郷のコペンハーゲンで息を引き取

りました。77 歳でした。

◇◇

　以上のように、**ニールス・ボーアは原子、分子のミクロな物理を扱う量子力学の確立に大きく貢献し**、そのことが後の核分裂の発見へと導きました。その点においてボーアは単にデンマークだけでなく、世界的な大科学者と言えます。

　しかし、すでに物理学界の重鎮となっていたボーアは、第二次世界大戦という難局に否応なしに巻き込まれてしまいました。原爆製造のマンハッタン・プロジェクトに無理やり引き込まれ、それに少しではありますが手を貸してしまいました。また戦後の米ソの核開発競争に関しても重要な役割を果たしました。

　彼は本心では核開発競争を収束に向かわせたいと思っていたでしょうが、結果としてそれは実現せず、今日まで各国の核開発競争は進んでいます。

　これらの反省から、彼は**戦後、核エネルギーに関する国際協力を訴えるとともに、素粒子物理学に関する国際機関（現在の IAEA）の創設に尽力しました。**

　ボーアの蒔いた種は、**欧州原子核研究機構（CERN）となり**、ノーベル賞をはじめ多くの世界的な成果を挙げるなど、基礎研究分野で大輪の花を咲かせています。

◇◇

第6章

レオ・シラード
(1889 – 1964)
―原子炉のアイディアで特許を取得したエンジニア―

6 レオ・シラード (1889 − 1964)

◇◇◇

　レオ・シラードは本書で扱った 10 人の科学者の中では、最もなじみが薄いかもしれません。科学の研究者でも聞いたことのない人は多いでしょう。しかし、核分裂の発見から原爆製造、核エネルギーの開発にいたるまで、彼のことを除いて語ることはできないでしょう。

　彼は元来、技術者、エンジニアとしての側面が強い人で、かのアインシュタインと一緒に、なんと「冷蔵庫」に関する特許まで取っています。

　一方では、**シラードは核分裂反応が連続的に起こりうることに初めて気づいた人です。**しかも原子爆弾が完成する 10 年も前に、すでに**核エネルギーの平和利用としての原子炉のアイディアも特許として取得しています。**

　しかし、彼が考えた原子炉という核エネルギーの有効利用は、結果的に不幸にして原爆という形で実現してしまいました。そのことに関して戦後、彼の心の中は激しい葛藤が生じました。

　では、初めて原子炉を考えたというレオ・シラードとは、いったいどんな人だったのでしょうか？

◇◇◇

ハンガリーに生まれ、第一次世界大戦に従軍

　レオ・スピッツ・シラードは 1898 年 2 月 11 日、ハンガリー王国のブタペストに生まれました。両親はユダヤ人の中産階級であり、父親のルイスは技師をしていました。シラードは、最初、ブタペスト市内の工科大学に入っています。しかしそのとき、ちょうど第一次世界大戦が起こります。

　シラードは 1916 年に徴兵されましたが、最初は成績優秀のため、勉強を続けることができました。そして彼は 1916 年 9 月、ヨーゼフ工科大学の工学部学生として入学しましたが、翌年オーストリア–ハンガリー軍の山岳砲兵隊に入隊しました。軍人としての才能もあったのでしょう。直ちに彼は、ブタペストに官吏の候補として送られ、1918 年 5 月に連隊に入ります。しかし前線に送られる前の 9 月に彼はスペインインフルエンザにかかり、入院するため家に帰

りました。後になって彼は、彼の連隊が戦闘によりほとんど全滅したことを知りました。したがって、病気が彼を救ったことになります。

1918年11月、休戦が成立すると彼は大学に戻りました。

しかし、ハンガリーの政治情勢は「ハンガリー－ソビエト共和国」が実権を握ったため、混沌としていました。シラードは政治的な活動にも興味を持った人で、このような情勢の中、シラードと弟のベラは、彼らの政治グループを作りました。それは、ハンガリー社会主義学生同盟（Hungarian Association of Socialist Students）と言い、税制改革に関するシラードの案にもとづいたものでした。彼は社会主義こそが、戦後のハンガリーの問題を解決するものであり、ハンガリーソビエト社会党にはそれが無理だと確信していたのです。

ユダヤ人に対する差別も強くなってきたため、シラードは弟とともに、宗教をユダヤ教から、キリスト教のカルヴァン派に改宗しています。しかし、彼らが大学に再入学しようとしたとき、愛国的学生から、ユダヤ人ということで、入学を拒否されてしまいました。

戦後、ドイツに移り、物理学を目指し、錚々たる科学者から学ぶ

ハンガリーにいても未来はないと確信したシラードは、1919年、ハンガリーを見限り、ドイツに向かいます。そしてベルリンのシャルロッテンブルグにある、工科専門学校に入学しました。しかし、彼は工学の勉強に飽きてしまい、より基礎的な学問ができるフリードリッヒ・ウィルヘルム大学（現フンボルト大学ベルリン）に移り物理学を学びました。

そこで彼は、**アインシュタイン**、**マックス・プランク**（1858-1947：1章）、**ジェームズ・フランク**（1882-1964：4章）、**マックス・フォン・ラウエ**（1879-1960、後述）など、錚々

**熱力学と情報科学を
結び付けた研究**

たる大科学者の授業を受けるという貴重な経験をしました。

そこで彼が書いた博士論文の題名は、「熱力学のフラクチュエーションの証明について」でしたが、その内容は**「マックスウェルの悪魔」**に関するものでした。「マックスウェルの悪魔」というのは、分子の動きを観察できる架空の悪魔がいるという仮定をすることによって、熱力学第二法則で禁じられているエントロピーの減少が可能であるという仮説です。これは、熱力学の基本である「エントロピーは増大する」という原則の矛盾を提示しており、長い間、熱力学や統計力学上の大問題でした。

現在では情報科学の問題にも結び付けて論じられています。つまりシラードは、**熱力学と情報科学を結び付けて考えた最初の人**と言えるでしょう。

彼の博士論文は<u>アインシュタイン</u>によって称賛され、1922年における最高の栄誉に輝いたのです。その2年後、シラードは、理論物理学研究所で<u>マックス・フォン・ラウエ</u>の助手に採用されました。ラウエは、結晶によるX線の回折現象を発見し、X線が電磁波、つまり光の一種であることを発見した大科学者で、すでに1914年にノーベル物理学賞を受賞していました。シラードはそこでも才能を発揮し、1927年に教授資格を取りました。

その教授資格試験における講義の内容は、またしても「マックスウェルの悪魔」に関するものでした。このとき書いた論文の題名は「知的存在の介在による熱力学系におけるエントロピーの低下」というもので、現在では**「シラードのエンジン」**と呼ばれている思考実験に関するものでした。この論文は、現代でも情報の分野で研究されている「負のエントロピーと情報」に関して初めて論じたものと言えるでしょう。つまりシラードは、現代の情報科学の創設者の一人なのです。

研究の成果を特許申請するという性向

　ベルリン滞在中、シラードは応用研究の分野でも多くの業績を残し、数々の技術的発明をしました。なかでも本書にかかわりのあるものとして、1928 年には **「線形加速器」に関する特許を提出** しました。これは、核物理学や素粒子物理学で重要な高エネルギーの粒子を作るために粒子を直線状に加速する基本的な装置で、今日でも広く用いられています。シラードはさらに 1929 年に粒子を円形に加速する **「サイクロトロン加速器」の特許も申請** しました。驚くべきことに、彼はさらに電子顕微鏡のアイディアも出しています。

　また実用面で面白い発明としては、1926 年から 1930 年にかけて、冷蔵庫のアイディアを出しています。これは何と、あのアインシュタインと一緒に考え出したもので、「アインシュタインの冷蔵庫」とも呼ばれています。この冷蔵庫は、まったく動く部分を持っていないという特徴を持っていて、実用化もされましたが、シラード自身はこの装置を作ったわけではなく、またその考えを論文に発表もしませんでした。したがって、今日ではこのタイプの冷蔵庫の発明者は他の者と考えられています。

　ちなみに、先ほど述べた「サイクロトロン」に関しては、**アーネスト・ローレンス**（1901-1958）、「電子顕微鏡」に関しては **エルンスト・ルスカ**（1906-1988）がノーベル賞を受賞しており、シラード自身は受賞していません。要するにシラードは、あまりにも多才だったため、ひとつのことを深く追求することができなかったのではないかと思われます。

1933 年、ヒトラー政権樹立でドイツ脱出

　さて、シラードはハンガリー生まれのユダヤ人でしたが、1930 年にドイツの国籍を取得しています。しかし、すでにこの頃、ヨーロッパの政治状況は悪化していました。ヒト

ラーが1933年1月にドイツの首相になったとき、ユダヤ人であるシラードは、まだそれほどユダヤ人に対する圧力が大きくない時期に、すでにドイツに見切りをつけ、自らの意思でドイツを脱出する決意をしました。彼はそれまで貯めていた貯金を靴の中に隠し、オーストリアから出国してイギリスに向かいました。シラードは当分の間ホテルに住み込みました。

イギリスに亡命し、ドイツ脱出の科学者を支援

この頃彼は「Academic Assistance Council」という組織の設立に尽力しています。この組織は、ドイツなどから逃げた科学者に対して新しい職場を探すことを助ける組織でした。シラードは、ロンドンの王立協会に対して、彼らの宿舎を提供するように説得しました。第二次世界大戦が勃発すると、この組織は、2500人以上の科学者の働き場所を見つけるのを助けたのでした。

1933年9月、シラードは、ロンドンの新聞である『タイムズ』を読みました。するとその中に、**ラザフォード**（2章)のスピーチをまとめた記事がありました。それによると、ラザフォードはこう述べました。

「核エネルギーを実用的な目的で使うことはできないであろう。私の学生である**ジョン・コッククロフト**（1897-1967：イギリスの物理学者。加速荷電粒子による原子核変換の研究により、1951ノーベル物理学賞を受賞）と**アーネスト・ウォルトン**（1903-1995：アイルランドの物理学者で、コッククロフトと同時にノーベル物理学賞を受賞）は最近、加速器により、陽子を加速してリチウムに照射して、それをアルファ線に分解する実験をした。この実験で、もしかすると陽子が供給したエネルギーよりも多くのエネルギーが発生したかもしれない。しかし、おそらくこのような方法でエネルギーを得ることは期待できないだろう。というのは、エネルギーを得るためには、非常に効率が悪い方法だ

からである。原子を変換することにより放出されるエネルギーを利用しようとする者は、月あかりと話をするようなものである。しかし、そのテーマは科学的には面白いと思う。というのは、それが原子についての洞察を与えるからである」

シラードは、ラザフォードのこの記事を読み、考え込みました。

「ラザフォードはなぜ、最近見つかった中性子を使った核連鎖反応（化学の連鎖反応に似ている）というアイディアを放棄したのだろうか？　もし中性子がリチウムに当たって核反応を起こし、そこで発生した中性子がまた同じ反応を起こすならば、その反応は自発的な連続反応になる。つまり小さなエネルギーを与えるだけで、大きなエネルギーを得ることができるだろう」

「中性子誘起による核連鎖反応」を特許申請

ついに彼は、**「中性子誘起による核連鎖反応」**という考えに至り、翌 1934 年に、この反応の特許を申請したのです。科学者の場合、新しいアイディアが思いついたら、それを論文にするのが普通です。しかし、それをまず特許として申請することが、いかにもシラードらしいと言えます。ただし、このときは核分裂が発見される 4 年前で、シラードのアイディアはあくまでも核反応の自発的な連続反応に関するものでした。

しかし、1938 年に核分裂が発見されると、シラードの考え方がすぐに適用されることになります。

放射性元素の医学利用の研究

1934 年前半、シラードは新たな職場としてロンドンの病院で働き始めました。そこでは、その病院のスタッフで若い物理学者である**トーマス・チャルマーズ**（1905-1976）と一緒に、**放射性元素の医学利用に関する研究**を始めました。当時、ある元素に中性子を照射すると、原子核が変化し、その元素の重い同位体ができるか、重い元素ができること

93

が知られはじめていました。この現象は、それを発見したイタリアの物理学者**エンリコ・フェルミ**（8章）にちなみ、**「フェルミ効果」**と呼ばれていました。

そこでシラードとチャルマーズはエチル化ヨウ素という化合物にラドンとベリリウムでできた物質から発生する中性子を照射してみました。すると、その化合物からヨウ素の重い同位体が分離することを見つけたのです。この現象は、**「シラードーチャルマーズ効果」**と呼ばれるようになり、医学用の同位体元素を得る方法として広く使われはじめました。

今日では放射性同位元素は医療用の治療や診断に広く用いられていますが、シラードはこの分野でもまさに時代のさきがけとなった人と言えます。

イギリスからアメリカへ移住

さてこの頃、ヨーロッパの戦況が一段と悪化すると、シラードはついにアメリカへの移住を決断し、1938年1月、定期船でニューヨークに渡りました。到着してから2、3か月間は、彼はいろいろな場所を移り歩きました。まずイリノイ大学、次に、シカゴ大学、ミシガン大学、ロチェスター大学などで連鎖核反応に関する研究を行ないましたが、いずれも成功していません。

1938年、核分裂発見のニュースを受けて

1938年11月、シラードはニューヨークに移りました。翌1939年の1月、先に述べた通り、ニューヨークに講演でやってきた**ニールス・ボーア**（5章）が大ニュースをアメリカにもたらしたのです。それは「ドイツで**オットー・ハーン**と**フリッツ・シュトラスマン**が核分裂を発見し、その現象は、**リーゼ・マイトナー**（3章）とオットー・フリッシュによって理論的に裏付けられた」というものだったのです。

これを聞いて、核変換に関して多くの実験を続けていたエンリコ・フェルミは、核分裂が起こるということを、に

わかに信じることができませんでした。一方、シラードは、以前ラザフォードの実験結果を聞いて考えたのと同じように、**ウランが連続的に連鎖反応を起こす（つまり、連続的に核分裂を起こす）元素であることをただちに理解**したのです。

ウラン核分裂の連鎖反応を実験　彼はコロンビア大学の物理学科で3か月間実験室を使う許可を得るとともに、この実験の予算を得るため友人から借金をするとともに、オックスフォードにいる旧知の友人に電報を打ち、実験に使うベリリウムの筒を送るように頼みました。そして、純粋なウランとグラファイトの製造法を調べ、直ちに実験を開始しました。このあたりのフットワークの軽さは、さすがにエンジニアとしてのシラードの面目躍如です。

　まず行なった実験は、ラジウムとベリリウムでできた中性子源を用い、そこから出る中性子をウランに照射する実験でした。そして中性子を照射した天然ウランから大量の中性子が放出されることを見出したのです。それはまさに、連鎖反応が起こっている可能性を示唆するものでした。

核分裂の連鎖反応

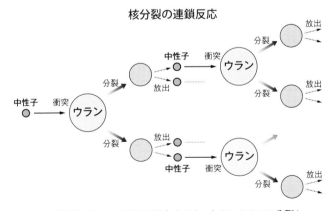

中性子がウラン原子に衝突すると、ウランは2つに分裂し、
その際、複数個の中性子を放出する。
その中性子がさらにウラン原子に当たり、次々と核分裂が生じる。

シラードはのちに、この実験について次のように語っています。

「私たちはスイッチを回したところ閃光が光るのを見た。私たちはしばしそれを見つめ、そしてすべてのスイッチを切って家に帰った」

ウランの核分裂が戦争に使われることを危惧

このとき彼は、この発見の重大な意味と、実験結果を理解していたのです。彼はすでにこのとき、核分裂が戦争に使わる可能性を恐れ、

「この夜、私は、世界が悲しみに向かうことは疑いの余地がないと思った」

と語っています。

さて、シラードはウランの核分裂反応が、消費するより多くの中性子を発生させることを証明したことはしたのですが、それはまだ連鎖反応と言えるものではありませんでした。シラードはフェルミを説得し、500ポンド（230 kg）のウランを使ったより大きなスケールの実験を提案しました。

減速材の開発

この実験では、中性子の速度が速すぎると、連鎖反応が起こりにくいことがわかっていました。そこで、核分裂の機会を最大にするため、中性子の速度を落とすための**「減速材」**が必要でした。

水素が良い減速材であることは知られていたので、最初彼らは水を減速材に使うことにしました。しかし結果は失敗でした。水素は確かに中性子を減速させるのですが、同時に中性子を吸収してしまい、連鎖反応の確率が減少してしまうのです。

シラードは次に、フェルミに炭素でできたグラファイトを減速材に使うことを提案しました。彼は500トンのグラファイトと、5トンのウランが必要であると考えました。もしこれがうまくいかなかったときの予備の実験として、重

水素を含む水である「重水」を減速材に使うことも考えました。重水素は普通の水素ほど中性子を吸収しないのですが、減速材としての効果は同じくらいあるからです。しかし当時は、そのような重水を作るには、多額の費用がかかってしまいました。

ドイツの核兵器開発への対抗措置を訴える

そこでシラードは、当時のアメリカ大統領であったフランクリン・ルーズベルトに秘密の手紙を書きました。その中で彼は、核兵器の可能性に言及しています。そしてドイツが核兵器開発のプロジェクトを走らせていることを警告し、アメリカにおいても核兵器を開発する必要性を訴えたのです。

1939 年、彼は古い友人であり共同研究者の**アインシュタイン**にコンタクトを取ります。そして彼の名声を借りて、このプロジェクトの提案の手紙にサインするように説得したのです。アインシュタインはサインしました。このアインシュタインとシラードの手紙は、アメリカ政府に核分裂の研究を推進することを決定させたのです。そして、それは原子爆弾製造の「マンハッタン・プロジェクト」へと発展するのでした。

そして、科学者であり、アメリカ国立標準技術研究所 (National Bureau of Standards) の所長であったライマン・ブリッグス (1874-1963) の下に、ウランに関する諮問委員会がただちに組織されました。その第 1 回目の会合は 1939 年 10 月に行なわれ、実験用のグラファイトとして 6000 ドルの資金が用意されました。

フェルミとシラードは、グラファイトを製造している国立炭素会社 (National Carbon Company) の代表に会いました。このときシラードは、重要なことに気が付いたのです。それは一般のグラファイトの中には不純物としてわずかのホウ素が入っていますが、ホウ素は中性子を吸収してしま

うので、連続反応が起こらないのです。そこで彼は、特別にホウ素が入っていないグラファイトを作らせました。もし彼がホウ素のことに気が付いていなかったなら、グラファイトが減速材としてふさわしくないという結論に達してしまったかもしれません。実際ドイツの研究チームはホウ素の不純物効果に気づかず、そのように結論に達していたのでした。

1941 年末、原子爆弾製造推進決定

さて、1941 年 12 月、国家防衛研究委員会の会議で、原子爆弾の製造を全力で推進することが決定されました。それは日本が真珠湾攻撃をした翌日だったので、急いだ結論だったのです。この決定は 1942 年 1 月、ルーズベルト大統領によって承認されました。このプロジェクトのリーダーには、シカゴ大学の**アーサー・コンプトン**（7 章）が指名されました。

シラードは燃料としてウランを使うことを考えていましたが、それに反して、コンプトンはプルトニウムが燃料にふさわしいと考え、すべてのグループをプルトニウム研究に集中させました。コンプトンは、1943 年までに連鎖反応を実現すること、1944 年までに原子炉の中でプルトニウムを生産すること、1945 年までに原子爆弾を完成させるという野心的な計画を立てたのです。

1942 年 1 月、シラードはシカゴにある冶金研究所にポジションを得てこのプロジェクトに参加しました。シラードは核分裂の連鎖反応に関して、するどい洞察力を持っていました。彼は、質量数が 235 のウラン（ウラン 235）は減速した遅い中性子でも容易に分裂しないが、分裂で生じた速い中性子によって分裂するかもしれないと考えたのです。この速い中性子による核分裂は、確率は非常に小さいのですが、極めて重要なプロセスです。シラードは、缶詰のよ

うにウランを缶に詰める方法を提案しました。

　原子炉を実現するためには、まだまだ難題が山積していました。そのひとつは、どのようにして原子炉を冷やすかということです。多くの研究者は、原子炉をヘリウムで冷やすことを提案しました。というのは、ヘリウムはほとんど中性子を吸収しないからです。しかし、ヘリウムは気体なので冷却効率が悪いという問題がありました。

　そこでシラードは、「もっと冷却効率のいい液体のビスマスの方がいいのではないか」と提案して、液体ビスマスの実験を指導しました。しかし、この方法もいくつかの問題があり、困難を極めました。なかなか冷却材として有望な候補材料がなくなってきたので、結局、普通の水を使うことを提案する研究者もいました。

　この冷却材に関する議論が白熱したとき、プロジェクトリーダーであるコンプトンは、液体ビスマスを主張するシラードを解雇しようとしました。その理由は技術的な主張の相違だけではなく、シラードがいまだにドイツ国籍を持っていたからでもありました。しかし、陸軍長官はシラードの解雇を拒否したので、シラードは研究を続けることができ、結果的に、1942年12月2日、原子炉の中において、世界で初めて人工的な持続核連鎖反応が実現したとき、それに立ち会うことができたのです。

　シラードは1943年3月にアメリカ国籍を取得しました。先に述べた通り、シラードは核分裂の発見当時から、それが兵器として使われることに恐れを持っていました。そのため彼は、アメリカ政府が核兵器を使うことがないように、そしてそれは、ドイツと日本が降伏するための脅しとしてのみ使うことを希望したのでした。

戦後の米ソの核競争をも危惧　また彼は、すでに戦後の核兵器についても考えていました。彼は、アメリカの核兵器の使用が、ソ連との核競争を

スタートさせるという予感を感じていて、そのことを心配していたのです。シラードや他の科学者の反対にもかかわらず、中間委員会は、日本に原爆を使用することを決定したのでした。

様々な分野への興味
と戦争犯罪　　戦後、シラードの興味は、物理学から、生物学や社会科学の研究にシフトしました。というのは、当時の生物学は物理学ほど進んでいない分野だったので、何らかのブレークスルーが期待できると思っていたからです。

　実は生物学は、シラードが核連鎖反応に気づく前の1933年に、すでにかかわっていた研究分野だったのです。シラードはこの生物学の研究の中で「ケモスタット」という概念を考案しました、ケモスタットというのは、生物反応装置の中で微生物の成長速度を制御する装置のことです。そしてまた、バクテリアの成長速度を測る装置も考案しました。また、シラードは、人間の細胞の最初のクローニングに関して早くも研究に取り組んでいます。

　このように科学に関して多才なシラードでしたが、驚くべきことに、彼は文才もある人でした。1949年、彼は、『私の戦争犯罪人としての裁判』という短い物語をしたためました。その中で、アメリカがソ連との戦争に負けたのち、人類に対する犯罪に関して裁判を受ける自分の姿を想像して書いています。彼は、1950年2月、ラジオ番組に出演し、核兵器の開発について警告しました。彼は次のように言いました。

　「十分に大きい核爆弾を特別な、しかしありふれた物に装備すれば、人類を絶滅しかねない」

　シラードはまた1961年、『イルカ放送』という短いSF風物語の本を出版しました。その中で彼は、冷戦で提起された道徳や倫理と、原子爆弾の開発における彼自身の役割に

ついて述べています。

1960年、シラードは膀胱炎の診断を受けました。彼はニューヨーク市内の病院でコバルト照射の治療を受けました。それはまさに、コバルト60のガンマ線を使うもので、彼自身が設計したものでした。1962年の治療では、さらに照射量を増やしましたが、医師は、「これ以上照射すると死んでしまう」と彼に告げました。しかし彼はこう言ったのです。

「そうはならないだろう。照射しなくても私は死んでいくのだ」

そして、さらに多くの照射が行なわれましたが、彼のガンは増えませんでした。

現代の放射線治療においても、どの部位をどのくらい照射するかということは難しい問題ですが、シラードは放射線治療の効果を、身をもって証明したのでした。

◇◇

以上述べた通り、**レオ・シラードは、物理、化学、生物学だけでなく、現代の情報科学につながるアイディアまで提案した万能の天才科学者でした**。まさに20世紀の「レオナルド・ダ・ヴィンチ」と言えるでしょう。

また、冷蔵庫から、加速器、原子炉の特許をとるなど、工学面でも才能を発揮したエンジニアでもありました。

科学の研究というのは、ひとつのことに執着してその道を究めるという地道な作業も必要ですが、あまりにも多才なシラードは、それができなかったのかもしれません。そのため、彼の周りにはアインシュタイン、フェルミをはじめ、多くのノーベル賞受賞者がいましたが、彼自身はノーベル賞の栄誉を受けることはありませんでした。

しかし、核分裂の発見と、その後の核エネルギーの利用に関して、彼の業績なしには語ることはできません。**シラードは、核エネルギーが人類にとって有益なものである反面、核兵器として人類を破滅に導く恐ろしいものであ**

ることを、最初に気づいた人と言えます。

　しかし結果として、彼の才能は、原子爆弾製造のマンハッタン・プロジェクトに利用されてしまったことは事実です。

　戦後、さまざまなメディアを使って核兵器の開発についての数々の警告をしたのは、そのことに関する自責の念からかもしれません。

◇◇

第 *7* 章

アーサー・コンプトン
(1892 − 1962)
―原爆製造に手を貸してしまった物理学者―

◇◇

　物理を少しかじった人なら「コンプトン効果」あるいは、「コンプトン散乱」という言葉を一度は耳にしたと思います。しかし一般の人にとっては、「コンプトン」はなじみが薄い名前ではないかと思います。

　実はこのコンプトンという人は、**光が物質に変わることを初めて見出した偉大な科学者です。**

　というのは、20世紀の初頭、光が波としての性質を持つことは知られていましたが、同時に物質、すなわち粒子としての性質も合わせて持っていることは、なかなか受け入れられなかったからです。コンプトンはそのことを実に見事な方法で証明して見せたのです。

　この業績で、1927年にノーベル物理学賞を受賞しています。

　また彼は、当時まだあまり実態がわかっていなかった宇宙線に関して、先駆的な研究をしています。そして**宇宙線の正体が「プラスに帯電した粒子」によって発生することを発見**したのです。

　しかし1940年代、彼はアメリカにおける戦時中の原爆製造プロジェクトである**「マンハッタン・プロジェクト」**についても重要な役割を果たすという運命に巡り合わせてしまいます。とくにマンハッタン・プロジェクトの初期の頃に彼がまとめた報告書は、プロジェクトを始めるにあたって重要な役割を果たしました。

　ただ、実際にはコンプトンは原爆の製造よりも、後の**核エネルギーの平和利用につながる世界最初の原子炉の製造に重要な枠割を果たしました。**

　では、コンプトンの生涯を見ていきましょう。

◇◇

アカデミックな家族　アーサー・コンプトンは、1892年9月10日、アメリカのオハイオ州にある「ウースター」という町に生まれました。家族は非常にアカデミックな人たちでした。

　父親のエリアスは、ウースター大学（後にウースターカレッジとなる）の学長を務めた人です。コンプトン自身ものちに、このウースターカレッジに入学することになりま

す。コンプトンの一番上の兄のカールも学術肌の人で、プリンストン大学から博士号を得たのち、1930 年から 1948 年の間、マサチューセッツ工科大学（MIT）の学長を務めました。彼の 2 番目の兄のウィルソンも、1944 年から 1951 年までワシントン州立大学の学長を務めた人です。兄弟 3 人がこれほど学問の分野で著名であるというのは、実力社会のアメリカでは珍しいことです。

天文学への興味　　さて、コンプトンは最初、天文学に興味を持ちました。そして 18 歳になった 1910 年、彼は自分でハレー彗星の写真を撮っています。ハレー彗星は約 75 年の周期で地球にやってきますが、この 1910 年という年は、ちょうどハレー彗星が地球にやってきた年でもあります。おそらく科学少年のコンプトンの胸はときめいたことでしょう。

　21 歳の頃、彼は丸いチューブの中の水の動きを調べる実験について述べています。その中で、「この実験が地球の自転を証明するだろう」と述べています。これはよく、お風呂の排水溝にできる渦巻の向きが、北半球と南半球で逆になると言われていることに似ていて、それはおそらく「コリオリの力」を証明しようとしたのでしょう。

コンプトン効果発見の兆候　　コンプトンは、この年、父親が学長をしていたウースターカレッジを卒業し、ニュージャージー州にある名門のプリンストン大学に入学しました。そこで彼はヘリワード・クックという教授の指導の下に博士論文の研究をしました。博士論文の題名は**「X 線の反射強度と、原子の中の電子の分布」**というものでしたが、これはまさに、後の「コンプトン効果」の発見につながるものでした。

　コンプトンが、1916 年に 24 歳でプリンストン大学から博士号を得たとき、2 人の兄であるカールとウィルソンは、すでに同大学から博士号を得ていたので、3 兄弟がすべてプリンストン大学から博士号を得た最初の例となりました。

前述の通り、2人の兄は後にアメリカの大学の学長となりましたが、コンプトン自身もワシントン大学の学長になったので、なんと3人兄弟すべてが学長になったことになります。これまたアメリカでは最初の例となりました。

コンプトンは、24歳から25歳にかけて、1年間、ミネソタ大学で物理学の講師をしました。その後、2年間、ピッツバーグにあるウェスティングハウス照明会社のエンジニアとして働きました。そこで彼はナトリウム蒸気ランプの開発に従事しました。このようなエンジニアとしての実用的な仕事が、後の彼の研究にプラスになったかもしれません。

第一次世界大戦後、科学先進国のイギリスに留学

この頃、第一次世界大戦が勃発します。この戦争中、彼はまた軍の通信部門のために、飛行機内の通信装置の開発を行なうなど、さらに実用面での実力をつけました。

戦争が終わった1919年、コンプトンは、全米研究会議（National Research Council）の奨学金の2人の留学生のうちの一人に選ばれました。この奨学金は学生を海外に留学させるためのものでした。この頃はアメリカが科学の面でも実力をつけ始めてはいましたが、やはり科学の先進国はヨーロッパだったのです。

コンプトンは留学先として、イギリスのケンブリッジ大学、キャベンディシュ研究所を選びました。彼は、J.J.トムソンの子である**ジョージ・パジェット・トムソン**（1892 − 1975）と一緒に、**ガンマ線の散乱と吸収について研究**を始めました。このジョージ・パジェット・トムソンは、後の1937年に電子の波動性の証明によってノーベル物理学賞を受賞した大科学者です。

ガンマ線の散乱というのは、放射線の一種であるガンマ線が物質に当たったとき、跳ね返ったり曲がったりする現象です。その中で、散乱されたガンマ線が、散乱する前の

ガンマ線より吸収されやすいことを見つけたのです。これは後から考えると、ガンマ線が散乱するとき、そのエネルギーの一部が物質を構成する電子に与えられてエネルギーが低くなるため吸収の様子が変わるためですが、そのときはこの現象の本質まで到達することができませんでした。

キャベンディシュ研究所での研究環境はコンプトンに大きな刺激を与えました。特に研究所の他の科学者、とりわけ**アーネスト・ラザフォード**（２章）から大いに影響を受けました。

コンプトン効果の発見　28 歳になる 1920 年、コンプトンはアメリカに戻り、セントルイスにあるワシントン大学の物理学科の教授になりました。その２年後の 1922 年、コンプトンは自由に動く電子によって散乱された X 線のエネルギーが、散乱前よりも小さくなること、そしてその散乱前後のエネルギー差が電子の運動エネルギーになることを発見しました。これがまさに最初に述べた、**「コンプトン効果」**、あるいは**「コンプトン散乱」**と呼ばれる現象です。

コンプトン効果の概念図

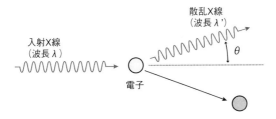

電子に波長 λ の X 線を入射すると、X 線はある角度 θ の向きに散乱され、波長は λ' に変化し、電子はそのエネルギー差に相当する運動エネルギーを持つ。

これは、X 線という電磁波（光）が、波としての性質だけでなく、粒子としての性質を持つことを証明したことに

他なりません。

1923 年、コンプトンはこの結果を、アメリカの物理学で最も権威のある『フィジカル・レビュー（Physical Review）』という雑誌に論文として発表しました。その論文の中で彼は、「X 線のエネルギーシフトが光子の粒子的な運動エネルギーに相当する」という内容を述べています。実はこのことは、1905 年にアインシュタインが光電効果の説明によって暗示したものと同じものなのです。

光電効果というのは、光を物質に当てることにより、物質内の電子が飛び出してくる現象ですが、それは言いかえると、光のエネルギーが電子という粒子の運動エネルギーに変換する過程です。コンプトンが見つけた現象は、まさに **X 線という「光」のエネルギーが電子という「物質」の運動エネルギーに変換したことを意味します。**

この論文の中でコンプトンは、X 線の波長のシフトと X 線の散乱角の関係を、X 線がひとつの電子によって散乱されると仮定して、数学的に導き出すことに成功しました。これによって、X 線のような光が、波としての性質と、粒子としての性質の両方を併せ持つということが明確になったのです。コンプトンは後にこう語っています。

「私が 1923 年のアメリカ物理学会でこの結果を発表したとき、それは私が知る限り、それまでで最もホットな科学論争を引き起こした」

当時、光が波であることはすでに知られていて、いろいろな実験で確認されていました。しかし、光が波としての性質と、粒子としての性質の両方を併せ持つという考えは、当時の科学者には簡単には受け入れられなかったのです。

たとえば X 線に関して言えば、X 線の結晶における回折という現象は、その波長によってのみ説明されることから、「X 線は波である」と多くの科学者が考えていました。これ

に対してコンプトンは、X線が粒子としての性質も持ち合わせていることを明確に示しました。この成果によりコンプトンは1927年、ノーベル物理学賞を受賞しました。

　同じ年の1923年、コンプトンは、シカゴ大学に物理学の教授として赴任します。ここでも彼はX線の偏光（光の波の方向が一定の向きにそろっていること）や、X線を物質に照射したときの効果、X線を使った磁性の研究などに関して数々の研究成果をあげています。

基礎研究ばかりではなく、実用的な開発にも業績を残す

　そんな中1926年、彼はジェネラル・エレクトリック社の照明部門のコンサルタントになっています。このジェネラル・エレクトリック社は、1878年に発明王のトーマス・エジソン（1847-1931）が作った「エジソン電気照明会社」がもとになった会社で、当時すでにアメリカ最大の電気会社となっていました。

　1934年、彼はイギリスのオックスフォード大学を訪問し、そこで研究されていた「蛍光灯」の可能について興味を持ちました。そしてジェネラル・エレクトリック社に蛍光灯の将来性に関する報告書を書きました。彼の報告書によって刺激され、アメリカでの蛍光灯の開発が始まり、実際それは完成して広く普及したのです。このように、**コンプトンは純粋な基礎研究だけでなく、実用的な開発に関しても幅広い業績を残しています。**

　コンプトンの最初の著書は『X線と電子』という本で、これは1926年に出版されました。この中で彼は、X線回折のパターンから回折する物質の密度をどのようにして計算するかについて述べています。彼はこの本を改訂して、『X線の理論と実験』という本にまとめ、1935年に出版しましたが、この本は、その後30年以上にわたり、この分野の最も重要な教科書となったのです。

宇宙線への関心

　さて、1930 年代前半、コンプトンは宇宙線にも興味を持ち始めました。その当時、宇宙線の存在は知られてはいましたが、その起源と性質はわかっていませんでした。宇宙線を観測するのは簡単で、球形の容器に圧縮した空気かアルゴンを入れ、その電気伝導度を測定するだけで検出できます。コンプトンはこの装置を持って、ヨーロッパ、インド、メキシコ、ペルー、オーストラリアに旅し、異なる緯度と経度で宇宙線を測定しました。すると、地球上の他の場所で宇宙線を測定していたグループと一緒に、北極の宇宙線の強度が、赤道より約 15% 大きいことを見出したのです。

　コンプトンはこの理由を、宇宙線が光子ではなく、荷電粒子によって生成するためであると考えました。つまり、緯度によって地磁気の大きさが変わるため荷電粒子の量が緯度によって変化する結果なのです。それはすでに予言されていたことではありましたが、コンプトンは世界中を駆け回ることによって、そのことを実証したのです。**コンプトンは優れた実験家でもあった**のです。

1941 年春、核兵器の可能性までを示唆

　さて、第二次世界大戦中の 1941 年 4 月、コンプトンは国防研究委員会からウランに関する特別委員会の委員長を命じられ、それについて報告書をまとめるように依頼されました。そして翌 5 月、その報告書は提出されました。その報告書は、放射能を使った兵器、原子力船、ウラン（または最近発見されたプルトニウム）を使った核兵器の可能性について述べています。

　その年の 10 月、彼は原子爆弾の実現性に関して、別のレポートをまとめています。

　このレポートを書くにあたり、彼は**エンリコ・フェルミ**（8 章）と一緒に計算をしました。ウランという元素は、核分裂をしない質量数が 238 の原子と、核分裂する質量数 235

の原子の混合物なのですが、天然のウランには核分裂するウラン 235 は 0.7% しかありません。彼らは、控えめに見積もっても、原子爆弾を作るにはウラン 235 が、20 キログラムから 2 トンくらいは必要だろうと結論しました。コンプトンは、**ハロルド・ユーリー**（1893-1981：アメリカの化学者。1934 年に重水素発見によりノーベル化学賞を受賞）とともに、天然のウランからウラン 235 だけを濃縮する方法についても検討しました。さらに、原子炉の中でどのようにしてプルトニウムが生成するのか、また原子炉の中でできたプルトニウムをいかにしてウランと分離するかについても検討しました。

　同年の 11 月に提出したレポートの中で、彼は「原子爆弾は実現可能であろう」と述べましたが、同時に、その破壊力に関してはそれほどたいしたことはないと思っていたようです。この報告書にはプルトニウムを使った爆弾についての記述はありませんが、後の研究では、コンプトンはこのときすでにプルトニウム爆弾の製造も可能だと確信していたようです。

　さてその年の 12 月には、コンプトンはまさにそのプルトニウムのプロジェクトの真っただ中にいました。彼は、1943 年 1 月までには、よく制御された連鎖反応（原子炉中での核反応）を実現し、1945 年 1 月までには原子爆弾を実現しようと考えていました。これを達成するため、それまでプルトニウムや原子炉の研究をしていた色々なチームを、シカゴ大学の冶金研究所に集めました。このプロジェクトの目的は、まずウランをプルトニウムに変換する原子炉を作り、燃料中のウランからプルトニウムを分離する方法を見つけ、最終的には原子爆弾を製造することでした。

　1942 年 6 月、アメリカ陸軍工兵隊が原爆製造のプロジェクトを担当することになり、コンプトン率いる冶金研究所

がその一翼を担うことになりました。このとき、コンプトンは**ロバート・オッペンハイマー**（10 章）に原爆の設計を任せました。原子炉の製作の方は**エンリコ・フェルミ**（8 章）が担当し、それは 1942 年 12 月には成功し臨界に達しました。

　ところが、ひとつ問題がありました。原子炉の中で生成したプルトニウムには、大量にプルトニウム 240 が含まれていたのですが、このプルトニウム 240 は自発的に核分裂してしまうため、飛行機で運べるだけの小型の核兵器に使うのには問題があったのです。そこで、彼らはプルトニウムも使える小型の核爆弾を開発し、それに成功しました。

1945 年 2 月、核爆弾の実験に成功

　原子炉で作られたプルトニウムは、1945 年 2 月に、マンハッタン・プロジェクトが行なわれているロス・アラモスに運ばれ核爆弾の実験が行なわれました。コンプトンはこれらの実験に主導的な役割を果たしました。1945 年にコンプトンは、オッペンハイマー、フェルミらとともに原爆を日本に対して使用することを軍に勧告したのです。

　戦争が終わると、彼はセントルイスのワシントン大学に戻り、その学長となります。コンプトンの名声を慕って、多くの学生や著名な科学者が国籍を問わず、ワシントン大学に集まってきました。

　このように、科学者としては数々の業績を残し、戦後は多くの人々の尊敬を集めたコンプトンでしたが、戦争中に原爆製造を主導したことに関してどう思っていたのでしょうか？

　そのことに関しては、他の科学者ほどには記録がありませんので、事実だけ追っていきましょう。

核兵器を管理する国際機関の必要性

　戦争も終わりに近づいた 1944 年、当時シカゴの冶金研究所の所長であったコンプトンは、核エネルギー計画の将来を検討する委員会（ジェフリーズ委員会）の委員長をして

いました。その年の 11 月にこの委員会は報告書をまとめ、その中で、核エネルギーの平和利用として、放射性核種の利用、核エネルギーの利用、原爆の土木工事などへの応用などを挙げる一方、「人類を絶滅するために原爆を使ってはならない」としています。そして**核兵器を管理する国際機関の必要性を述べています**。

　一方、大統領の科学顧問である**ヴァニーヴァー・ブッシュ**（1890-1974）と**ジェームズ・コナント**（1893-1978）は、コンプトンの委員会と同様に戦後の核物質の戦力を提言する「戦後政策委員会」を発足させました。この委員会はコンプトンの委員会と反対に、「核エネルギーの利用は、平和時であっても軍事目的を優先させるべきである」としています。つまり、当時のアメリカ政府、特に陸軍は、「科学者は軍の命令に従うべきである」と考えていたのです。これは多くの科学者の考えとは相入れないものでした。

実は、コンプトンは、彼自身の委員会と「戦後政策委員会」の両方の委員会に関与していたので、矛盾を抱えていたのです。

核兵器開発を推進するとともにその使用を禁止するという矛盾

　1945 年 4 月、当時のルーズベルト大統領が急死したので、副大統領のトルーマンが大統領に就任しました。トルーマンはルーズベルトから原爆について何も知らされていなかったので、トルーマンの下で新たに戦後の核エネルギー政策に関する委員会が設置されました。その委員会の科学顧問として、オッペンハイマー、フェルミ、**アーネスト・ローレンス**（1901-1958：アメリカの物理学者。1939 年、サイクロトロンの開発および人工放射性元素の研究によりノーベル物理学賞を受賞）、そしてコンプトンが選ばれました。

　前述の通り、**ニールス・ボーア**（5 章）の努力にもかかわらず、この委員会は重大な決定へと突き進んでいきます。1945 年 5 月から 6 月にかけて開催された委員会では、つい

に、日本に対して原爆投下の具体的方法を含めて決定してしまったのです。

　自分自身の委員会で「人類を絶滅するために原爆を使ってはならない」という提言をまとめたコンプトンは、同時にこの原爆投下を決定した委員会の科学顧問でした。彼の心中はどうだったのでしょうか？

　この件に関して、戦後、唯一彼が書き残した資料としては、1956年に出版された『Atomic Quest（原子の探求）』という本があります。ただし、この本が書かれた当時は、米ソ冷戦時代であり、後述するようにマンハッタン・プロジェクトを主導したオッペンハイマーが公職追放されるなど、アメリカ国内で公然と核エネルギーの平和利用を主張することが難しかったと思われます。そのため、この本は政治的な主張を避け、淡々と事実関係のメモを読み上げる形をとっており、彼の心中を推測することは困難です。

　コンプトンはこのことに関して多くを語ることなく、1962年、カリフォルニアにおいて69歳で亡くなりました。

◇◇◇◇◇◇◇◇◇◇◇◇◇◇◇◇◇◇◇◇◇◇◇◇◇◇◇◇◇◇◇◇◇◇◇◇◇◇

　以上のように、アーサー・コンプトンは、「X線の散乱（コンプトン効果）」、「宇宙線」などに関して数々の業績を残した偉大な科学者です。また多くの研究者が彼の周りに集まってきたことから、人間的にも魅力を持った人だったと言えます。**核分裂が発見されてから、彼は核兵器の危険性を理解し、核兵器による人類絶滅の可能性について危惧していました。**

　しかし、その科学的業績と管理者としての能力が災いし、彼は否応なしに原子爆弾製造のマンハッタン・プロジェクトにおいて主導的な役割を果たすことになってしまいました。

　戦後、今度は米ソ冷戦下の核開発競争が始まり、自らの過去と核兵器開発の是非を発言することなく世を去ってしまいました。

◇◇◇◇◇◇◇◇◇◇◇◇◇◇◇◇◇◇◇◇◇◇◇◇◇◇◇◇◇◇◇◇◇◇◇◇◇◇

第8章

エンリコ・フェルミ
（1901 − 1954）
―物理のあらゆる分野で名を残したイタリアの天才―

エンリコ・フェルミ（1901 − 1954）

◇◇

　科学を少しかじった人なら「フェルミ」の名前にどこかで出会ったはずです。彼の名前が付いた定理や理論としては、「フェルミ粒子（フェルミオン）」、「フェルミレベル」、「フェルミ統計」、「フェルミの黄金律」、「フェルミのパラドックス」、「フェルミ推定」など非常に多くのものがあります。元素の名前にも、彼の業績を記念して「フェルミウム」（原子番号100、元素記号はFm）というのがあります。

　驚くべきことは、上にあげた言葉が、それぞれ**核物理、固体物理、統計力学、量子力学など、異なる分野の業績であること**です。さらに驚くのは、フェルミは理論と実験の両方で偉大な業績を残した物理学者であることです。

　科学が細分化した現代では、フェルミのような多彩な分野にわたる天才というのは、もう二度と現れないかもしれません。

　フェルミは、イタリア人でアメリカに帰化した物理学者です。彼は、まさに核分裂が発見された1938年、ノーベル物理学賞を受賞しています。ただし、その授賞理由は「中性子照射による原子核の放射化および超ウラン元素の発見」というもので、核分裂の発見ではありませんでした。

　「中性子照射による原子核の放射化」というのは、実験手法としては、中性子をウランのような重い原子に当てるという、核分裂を発見したドイツの**オットー・ハーン**と**フリッツ・シュトラスマン**と全く同じでした。フェルミも核分裂に伴う異常に高い放射能が発生することは見出していたのですが、それを核分裂と断定することができなかったために、ドイツのハーンらに先を越されてしまったのです。つまりフェルミ自身は、**元素が変換することは見つけていましたが、核分裂は見逃していた**のです。それでもノーベル賞を受賞したというのは、フェルミの業績がいかに優れていたかを物語っています。

　第二次世界大戦中、フェルミは原爆製造に関するマンハッタン計画に加わりました。その中で彼は、世界最初の原子炉を設計、製作するチームを指導しました。そして、その原子炉で1942年12月に臨界、すなわち連続的な核分裂反応を起こすことに成功しました。

　原子炉自体は、現代の原子力発電の基礎となる平和利用に関するものでし

たが、不幸にして、時は第二次世界大戦真っただ中でした。結果的に彼の研究は、原爆製造にも応用されてしまったのです。

そのことをフェルミ自身はどう考えていたのでしょうか？

彼の足跡を辿りながら見ていきましょう。

◇◇

イタリアの少年の幅広い興味はどこからきたのか？

エンリコ・フェルミはイタリアのローマで、1901年9月29日に生まれました。彼の父親は、鉄道省の部長、母親は小学校の教師をしていました。少年時代、彼は兄であるジュリオとともに電気について興味を持ち、電気モーターを作ったり、電気で動くおもちゃで遊んだりする子供でした。

少年時代、彼はローマ市内のある書店で1冊の本に出合います。それは、1840年に出版された『基礎物理数学（Elementorum physicae mathematicae）』という900ページにもおよぶラテン語で書かれた本で、著者は同じイタリアの物理学者、カラッファ（1789-1845）という人です。この本は、その時代における、数学、力学、天文学、光学、音響学など、非常に多くの分野を網羅したものでした。のちのフェルミの幅広い分野における業績は、この本がきっかけになっているかもしれません。

その中でも特にフェルミは物理に興味を持ちましたが、彼の物理学に対する興味は、父親の同僚であるアドルフォ・アミディという人によって、さらに刺激を受けました。この人は、フェルミに物理学や数学に関する数冊の書籍を与えたのです。彼はこれらの本を読みあさり、内容をただちに吸収していきました。

高校を卒業した17歳のフェルミは、アミディに勧められて、ピサにあるピサ高等師範学校（Scuola Normale Superiore）の入学試験を受けることにしました。このとき両親は、息子を4年間も自宅を離れて学校に行かせるのは

気が進みませんでしたが、最後は両親もそれを認めました。

さて、このピサ高等師範学校の入学試験は大変に難しいものでした。特に、受験生は記述式の試験の際、あるテーマについてエッセイのような文章で解答を記述することを求められたのです。彼に与えられた試験のテーマは「音の特別な性質について」というものでした。フェルミは、振動する棒について「偏微分方程式を立ててそれを解き、それをフーリエ解析する」という鮮やかな解答を優れた文章でまとめました。試験官の一人はフェルミを称賛し、「彼は著名な物理学者になるであろう」と言ったと言われています。このときのフェルミの入学試験成績は1番でした。

ピサ高等師範学校で彼は、物理教室の部長である**ルイージ・プッチアンティ**（1875-1952）の指導を受けました。プッチアンティは、光の波長を測定する分光器の発明で知られている優れた物理学者で、その分光器により色々な化合物の分子構造を明らかにしたことで有名でした。また、X線の波長を、回折格子を用いて測定する方法を提案してもいます。

プッチアンティは、フェルミに会ったとたんに、もはやフェルミに教えることはほとんど何もないことを認めざるを得ませんでした。それどころか逆に、ときどきフェルミに教えてくれと頼むこともあったようです。とりわけ、フェルミの量子力学に関する知識は極めて高いものであったため、プッチアンティは彼にこの話題について講義をお願いするくらいでした。

そういうわけでフェルミの知識は教授から教わったというより、ほとんど独学で習得したものでした。彼は**一般相対性理論から始まって、量子力学、原子物理学など**を次々と習得していきました。その後フェルミは、プッチアンティが指導する物理学科に進みましたが、そこには3人の学生

しかいなかったので、プッチアンティは彼らが選んだテーマなら何でも自由に研究室を使わせました。

そこでまず、フェルミは **X 線回折学**を研究することに決めました。そして X 線の回折像、すなわち結晶の X 線画像を撮ることに挑みました。

20 歳そこそこで、国際的に注目される重要な論文を次々と発表

1921 年、大学 3 年生のとき、フェルミは彼の最初の論文をイタリアの『新実験科学（Nuovo Cimento）』という科学誌に発表しました。その論文の表題は**「並進運動における電荷の剛直な系の動力学（ダイナミックス）」**というものでした。これは、「ある物体がこちらに向かってやってくるというサインは、テンソルとして表現できる」というものでした。このテンソルというのは、動いたり、三次元空間内で位置を変えたりする物体を記述するときに、一般的に使われる数学的値のことです。古典力学では、物質の質量というはスカラー量、つまり大きさのみがあり方向を持たない量ですが、相対性理論では、それは速度によって変わるということを示したものでした。

その後彼は、**電気動力学、確率論などの理論に関して、次々と重要な論文を発表**していきます。現代でも 20 歳そこそこの学生が、国際的に注目される論文を次々と発表するなどということは、あまり聞いたことがありません。

1922 年、20 歳のフェルミは、**「確率理論とその応用」**という博士論文を提出し、これにより異例の若さで、laureaというイタリアの博士に相当する学位を取得しました。

実はこの博士論文の内容というのは、これまでに発表した一連の論文をまとめたものではなく、最初に始めた X 線回折像に関するものでした。その理由は、当時のイタリアでは、理論物理はまだ分野として認められていなかったため、受理できる論文は実験物理に関するものだけだったか

らでした。

　そもそも、当時のイタリアの物理学者というのは、ドイツに起こった相対性理論のような新しいアイデイアを受け入れるのが遅かったのでした。フェルミはすでに優れた理論を発表していましたが、研究室で実験することがまったく苦になりませんでした。このことは、**理論、実験両面で幅広く活躍する**その後のフェルミの研究を暗示しています。

　さて、1923 年、ドイツの天文学者である**アウグスト・コプフ**(1882-1960) が『アインシュタインの相対性理論の基礎』という本を出版しました。フェルミは、そのイタリア語版の付録を書いていたのですが、そのときフェルミには次のような考えが浮かびました。

核エネルギーの解放による膨大なエネルギーを予見

　「アインシュタインの有名な式（$E=mc^2$）から考えると、**原子核には膨大な潜在的エネルギーが内包されているのではないか？**」

　彼はこう書きました。

　「少なくとも近い将来に、このような膨大な量のエネルギーを解放するということは、できないであろう。それは、幸いなことだ。なぜなら、このような恐ろしく膨大なエネルギーを持つ爆発の最初の効果は、それを開発しようとする不幸な物理学者をも粉々に破壊してしまうからだ」

　このとき、おそらくフェルミの天才は、核エネルギーの解放による原子爆弾製造の可能性を見越していたのかもしれません。

　さて、フェルミは半学期（semester）を使って、ドイツのゲッチンゲン大学で学ぶことにしました。そこには著名な理論物理学者で量子力学の初期における第一人者の**マックス・ボルン**（1882-1970）がいたからです。ゲッチンゲンで彼は、**ヴェルナー・ハイゼンベルク**（1901-1976：9 章）

と出会い、大いに啓発されました。

アインシュタインとの出会い

　フェルミは次に、アメリカのロックフェラー財団の奨学金を得て、1924 年 9 月から 12 月にかけて、オランダのライデン大学に行き、**ポール・エーレンフェスト**（188-1933）の下で学びました。エーレンフェストはオーストリア出身の理論物理学者で、相転移の理論や統計力学と量子力学との関係性などについて、大きな貢献をした優れた物理学者です。このライデン大学でフェルミは、**アインシュタイン**に出会っています。この出会いは彼の人生にとって決定的な影響を与えたでしょう。

　1925 年から 1926 年にかけて、フェルミはイタリアのフィレンツェ大学において、物理数学と理論力学を教えるとともに、水銀の蒸気に対する磁場効果に関する一連の実験を行ないました。ちょうどその頃、オーストリアの物理学者である**ヴォルフガング・パウリ**（1900 -1958）が、いわゆる「パウリの排他律」を提唱しました。これは「2 つ以上の電子は同じ量子状態を占めることはできない」というものでした。

フェルミ粒子

　このパウリの排他律にこたえる形でフェルミは、**「単一原子の気体の量子化について」**という論文を発表しました。この中でフェルミは、理想的な気体に対してもパウリの排他律が適用されることを示しました。つまり、この論文で彼は、ある系における粒子の分布を、パウリの排他律に従うたくさんの理想的な気体として統計的に記述したのでした。

　今日では、パウリの排他律に従う粒子はフェルミにちなんで**「フェルミ粒子（フェルミオン）」**と呼ばれており、排他律に従わない粒子である「ボゾン」と区別されています。このフェルミの考えはその後、**ポール・ディラック**（1902-1984：イギリスの物理学者。量子力学および量子電磁気学の研究により 1933 年にノーベル物理学賞を受賞）によって発

展されました。その統計学的取り扱いは、今日、「**フェルミーディラックの統計**」として知られています。

イタリアの物理学水準アップに貢献するもファシズムに反抗

　さて、当時のイタリアの物理学の水準は、イギリス、フランス、ドイツなどに比べて遅れていました。そのため、当時のムッソリーニ内閣は、イタリアの物理学の水準をあげることに躍起になっていました。イタリアを代表するローマ大学（ローマ・ラ・サピエンツァ大学）でも、優秀な教授を探していました。そこで、24歳という若手ながら、すでに世界的な業績を数多くあげているフェルミに白羽の矢がたち、1925年、フェルミはローマ大学の教授として赴任しました。

　その4年後の1929年、フェルミはムッソリーニによってイタリア王立アカデミーのメンバーに指名されました。そして同年4月、彼はファシストのメンバーになったのです。しかし、その後の1938年、ムッソリーニがユダヤ人を排斥する人種法を発布すると、フェルミはファシズムに堂々と反対しました。というのは、フェルミの妻であるルナがユダヤ人だったからです。このことにより、フェルミの研究は一時期停滞を余儀なくされてしまいました。

　それでもローマ時代のフェルミは、彼の研究チームとともに、物理学の理論面および応用面で重要な貢献をしています。

　1928年、フェルミは27歳の若さで『**原子物理の基礎（Introduction to Atomic Physics）**』という本を出版しました。この本は、イタリアの学生に対して、最新のわかりやすい教科書となりました。フェルミはまた、一般の人を対象とした公開講義を行なっています。さらに、新しい物理学に関する知識をできるだけ広めるために、科学者や教師用のわかりやすい解説記事も書いています。

　このような啓蒙活動は最近では「アウトリーチ」と呼ばれていて、科学の研究者にとって非常に大事なことになっていますが、フェルミはまさにそれを、若いときから身をもって実践した人と言えます。

「ニュートリノ」の
命名

　ところで、当時の物理学者は、放射性核種が出すベータ線について、その本質がわからず悩んでいました。ベータ線は放射性核種から発生する電子です。エネルギー保存則を満足させるため、前述のパウリは、ベータ崩壊と同時に、電荷を持たず質量が極めて小さいか、質量ゼロの見えない粒子が放出されると予言していました。フェルミはこの考え方を採用し、1933 年に速報の論文を発表しました。この中で彼は、パウリの予言した粒子を取り上げ、**「ニュートリノ」**と名付けました。

　彼の理論は後に、**「フェルミの相互作用」**と呼ばれるようになりました。さらに後には、「弱い相互作用の理論」と呼ばれました。これは今日では、自然界における 4 つの力のひとつと考えられています。ニュートリノは、フェルミの死後検出されましたが、彼の弱い相互作用に関する理論は、なぜニュートリノが検出しにくいかということを説明するものでした。

　ちなみに、フェルミがこのことをイギリスの科学誌である『ネーチャー』に投稿したとき、編集者は何とこの論文を不採択としたのです。その理由は、この論文は「あまりにも物理学とかけ離れているため、読者の興味をひかないであろう」ということでした。このため、フェルミはこの論文を英語で公表する前に、イタリア語とドイツ語で発表したのでした。

　さて、1934 年 1 月、**ジョリオ・キュリー**（1900-1958：フ

ランスの物理学者。人工放射性元素の合成により1935年ノーベル化学賞を受賞）とイレーヌ・キュリー（1897-1956：ジョリオ・キュリーの妻で、夫と同時にノーベル化学賞を受賞）が、原子にアルファ線を照射すると、放射能を持つようになることを発表しました。

軽い原子に中性子を照射することで元素変換が起こることを発見

これを聞いたフェルミは、アルファ線の代わりに1932年にチャドウィック（1891-1974）により発見された中性子を照射する実験にテーマを変えることを決心しました。そしてその年の3月、ポロニウムとベリリウムからできた中性子源を用いて、中性子照射によって元素に放射能を持たせることができるかを確かめようとしました。

中性子はアルファ線と違って電荷を持っていません。ですから正の電荷を持つ原子核に当たっても向きは変わりません。このことは、中性子が原子核の中に入るには、アルファ線のような電荷を持った粒子よりもより小さいエネルギーで済むことを意味します。したがって、荷電した粒子を高速度に加速する高価な加速器は必要ないことになります。

フェルミのグループは、新たにラドンとベリリウムを使った中性子源を開発し、まず白金に中性子を照射してみました。白金は原子番号が78番で、比較的重い元素です。しかし、実験は成功しませんでした。そこで彼らは、軽い元素であるアルミニウム（原子番号13）に中性子を照射してみました。すると、アルミニウムはアルファ線を出して、2つ原子番号の小さいナトリウムに変換しました。そして、そのナトリウムは、次にベータ線を出して、今度はひとつ原子番号が大きいマグネシウムに変換したのです。つまり、**軽い原子に中性子を当てると、元素変換が起こることを見つけた**のです。

その次にフェルミらは重い元素に戻り、白金よりさらに重い鉛（原子番号82）に中性子を照射してみました。しか

し、やはり実験は成功しませんでした。もう一度軽い元素に戻り、フッ化カルシウムという化合物（フッ素の原子番号は9）に中性子を照射しました。すると、アルミニウムと同様、アルファ線を放出してフッ素は窒素になり、さらに、窒素はベータ線を出して酸素になりました。一連の実験で、トータル22種類の元素に放射能を持たせることに成功しました。フェルミは、1934年3月にイタリアの雑誌に、**「中性子によって誘起された元素の放射化」**に関する論文を発表しました。

　ところで、トリウムやウランは、もともと自然放射能を持っています。ですから、これらの元素に中性子を当てると何が起こるのかを当時の測定器を使って放射能の測定だけから明らかにすることは、非常に難しかったのです。それでもフェルミたちは、ウランから軽い元素（鉛以上の重さを持つ）を完全に取り除く実験を繰り返し、ついにそれらの元素が新しい元素に変換したとの考えに至ったのです。しかし実際は、一部のウランは核分裂していたはずですが、このことをフェルミ自身は見逃していました。

　さて、この一連の実験でフェルミらは、説明できないある現象に気づいていました。それは、大理石の実験台を使ったときよりも、木の実験台を使ったときの方が、放射能の強度が強く表れるという現象でした。フェルミはこのとき、ジョリオ・キュリーとチャドウィックが「中性子を減速させるにはパラフィンが効果的である」と報告していたことを思い出しました。

　そこで彼はこれを試してみました。中性子をパラフィンに透過させたのちに銀に照射すると、パラフィンがないときに比べて、なんと100倍も放射能が大きくなることを見いだしたのです。フェルミは、「これはパラフィンの中に

ある水素の影響だ」と考えました。先ほどの木のテーブルと大理石のテーブルの違いも同様に説明できます。つまり、木の方が水素を多く含むので、この効果が顕著に表れるのです。中性子を透過させるのに水も使ってみましたが、やはり放射能の強度が上がりました。

彼は「水素と中性子が衝突することにより、中性子の速度が遅くなる」と結論しました。中性子が衝突する元素の原子番号が小さいほど、中性子が衝突によって失うエネルギーは大きくなり速度が遅くなるのです。

フェルミは、このことから、遅い中性子の方が、速い中性子に比べて原子核に捕捉されやすいのでターゲット原子の放射能は強くなると考えました。これを理論的に説明するために、彼は拡散方程式を立てましたが、その式は現在**「フェルミの年齢方程式」**として知られています。

1938 年、ノーベル物理学賞受賞

1938 年、37 歳のフェルミはノーベル物理学賞を受賞しました。その業績は**「中性子照射による新しい放射性元素の存在の証明と遅い中性子を用いた関連する核反応の発見」**でした。しかし、その表題には「核分裂の発見」はありませんでした。1938 年 12 月に行なわれたノーベル賞授賞式の直後、彼はドイツの化学者である**オットー・ハーン**と**フリッツ・シュトラスマン**が「ウランに中性子を当てたところ、その中にバリウムを見つけた」という驚くべきニュースを知ったのです。

アメリカ移住の直後に核分裂発見の報に接する

ストックホルムでのノーベル賞授賞式が終わった後、フェルミはイタリアには戻ることはありませんでした。彼は1938 年 12 月、家族とともにニューヨークに渡ったのです。

翌年 1939 年 1 月、フェルミとその家族はニューヨークに着きました。彼は、ただちにコロンビア大学に職を得ました。ちょうどそのとき、その前年の 12 月に**オットー・ハーン**と

フリッツ・シュトラスマンが核分裂を発見したというニュー
スが、<u>ニールス・ボーア</u>によってアメリカにももたらされ
ました。ニールス・ボーアは 1939 年 1 月、プリンストン大
学においてそのことについて講演を行なったのですが、そ
れを聞いた 2 人のコロンビア大学の物理学者が、そのニュー
スをコロンビアに持ち帰りました。

　フェルミはオットー・ハーンとフリッツ・シュトラスマ
ンの実験のことはすでに知っていたのですが、これを聞い
たとき、核分裂が起こったことは信じようとしませんでし
た。フェルミのような天才をもってしても、核分裂という
驚天動地の発見を確信するには、まだ少しの時間が必要だっ
たのです。

核分裂の検証と原子
炉の設計
　当時すでに、核分裂に関してフランスの科学者たちが、
中性子を照射されたウランが、吸収した中性子よりも多く
の中性子を放出するため、核分裂の連鎖反応を起こしうる
ことを証明していました。そこでフェルミらは核分裂が実
際に起こるかどうかを確かめるために、200 キログラムの酸
化ウランを、カナダのラジウム製造業者から手に入れ、よ
り大きなスケールで実験を行ないました。

　これと同時にフェルミと**レオ・シラード**（6 章）は、自
己増殖型の核反応が起こる装置を共同で設計しました。こ
の装置はまさに、今日の原子炉に他なりません。ところが、
この原子炉は、水を減速材として用いていたので、中性子
が止まりすぎてしまううえ、核分裂しにくい天然ウランを
燃料に用いたため、核分裂の連鎖反応は起こりませんでし
た。そこでフェルミは、酸化ウランのブロックと水の代わ
りに黒鉛を減速材に用いた原子炉をシラードとともに設計
したのです。

　ところがこの頃、ますます戦争が激化し、軍の圧力が強

まり、フェルミらの原子炉の研究も、原子爆弾製造という軍事的な研究へとシフトすることを余儀なくされていきます。そんな中、フェルミは、軍の指導者に対して、核エネルギーの持つ潜在的なインパクトを警告した最初の人でした。彼は1939年3月に海軍省でこのことに関する講演をしています。しかしながら、海軍は、1500ドルの研究費をフェルミのコロンビア大学に対して提供することに同意したのにもかかわらず、彼らはこの講演でフェルミの警告が何を意味するかはよく理解しなかったと思われます。

ドイツの原爆製造を警告するアインシュタイン＝シラードの手紙

　そのようなフェルミの考えにもかかわらず、その年の後半、レオ・シラードらは、ドイツが原子爆弾の製造に成功したことを警告するアインシュタインのサインが入った有名な手紙（**アインシュタイン＝シラードの手紙**）をルーズベルト大統領に送ったのです（前述）。これにこたえて、ルーズベルトはウランに関する諮問委員会を作り、このことを検討するように要請しましたが、それは実際には、原爆製造に関する検討を行なう委員会だったのです。

　さて、そのウランに関する諮問委員会は、フェルミにグラファイトを買う資金を提供しました。フェルミは**あくまでも原子炉の製造という非軍事の核エネルギー利用を目指**し、6トンの酸化ウラン、30トンのグラファイトを入手し、今までよりも大きな装置を作りました。

　ウランに関する諮問委員会は、1941年12月に会合をもち、その中で第二次世界大戦に参加しているアメリカとして、原爆製造のプロジェクトを急がせることを決定しました。そしてこの委員会の多くの努力は、原爆製造につながる濃縮ウランの製造に向けられたのです。

　しかし一方、委員会のメンバーである**アーサー・コンプトン**（7章）は、濃縮ウランよりもプルトニウムの方がより優れていると主張しました。実はそのプルトニウムは、

フェルミらが作った原子炉の中で、1944 年の終わりまでに大量に生産されていたのです。コンプトンは、シカゴ大学において、プルトニウムの製造に関する仕事を集中的にすることにしました。フェルミはシカゴに移って、その仕事に加わることに対しては、あまり気が進みませんでしたが、しぶしぶ、シカゴに新しくできた冶金研究所の一端を担うことになりました。

1942 年、最初の原子炉で臨界に成功

そんな中でも、シカゴに建設したフェルミの原子炉の研究は着実に進み、ついに**1942 年 12 月に核分裂反応が持続的に起こる「臨界」に達した**のです。この原子炉は「シカゴパイル -1」と呼ばれています。

周辺の住民に危険が及ばないように研究を続けるため、この原子炉は一度解体され、シカゴから 30 キロ以上離れたアルゴンヌの森の中に移動しました。そこでフェルミは核反応に関する基礎的な実験を指導しましたが、その研究分野は単に核物理だけでなく、生物学、医学などにも及びました。これは今日の放射線治療などのさきがけとなった研究であり、このことからもフェルミの先見の明や核エネルギーの非軍事的な平和利用に対する熱意が感じられます。

アルゴンヌの研究施設は、最初はシカゴ大学の下部組織としてフェルミによって運営されていましたが、1944 年 5 月に、フェルミを所長とする独立の研究機関となり、今日では「アルゴンヌ国立研究所」となっています。

フェルミは、戦争も終わりに近づいた 1944 年 7 月、アメリカの市民権を得てアメリカ国民となりました。1944 年 9 月、フェルミはアメリカ西海岸のワシントン州にあるハンフォードに移り、そこの原子炉で実験を行ないました。実はこのハンフォードにある原子炉は、プルトニウムを大量に生成するように設計されていたのです。フェルミらは、ウラン燃料を原子炉に大量に挿入し、ついにこの原子炉も

臨界に達しました。

　しかし、プルトニウム生産に関しては、順調には行きませんでした。1944 年 9 月のある夜遅く、技術者たちはプルトニウムの生産を始めるため、制御棒を引き抜き始めました。最初はすべてが順調でしたが、深夜になって、パワーが急激に落ち、翌朝には原子炉は完全に止まってしまったのです。フェルミのチームは、冷却水に漏れや汚れがないかチェックしました。翌日、原子炉は突然また動き出しました。しかし数時間後、またもやストップしまいました。問題は、核分裂生成物の中にある半減期 9.2 時間のキセノン-135 という気体による中性子の不活性化によるものであることがわかりました。フェルミらが検討した結果、より大量の燃料を使うならば、原子炉は望みのパワーに達し、プルトニウムを効率よく生成することを明らかにし、プルトニウムの製造は順調に進みました。

1944 年、原爆製造プロジェクトに参加

　1944 年、マンハッタン・プロジェクトのリーダーである<u>オッペンハイマー</u>（10 章）はフェルミに対して、ニューメキシコ州ロス・アラモスにおける原爆製造のプロジェクトに参加するように説得しました。フェルミはしぶしぶその年の 9 月にロス・アラモスに向かいました。そこでフェルミは、研究室の副部長に指名されました。そのポストは、核物理学と理論物理学に関して責任を持つ地位でした。

　1945 年 7 月、いよいよ原子爆弾の試験が行なわれ、フェルミも立ち会いました。フェルミは、爆弾の威力を見積もるため、一片の紙ひもを爆弾の中に落としてみました。爆発によってその紙が飛ばされた距離を歩数で測定し、その距離から爆発の大きさを推定しようとしたのです。随分と原始的な方法ですが、まさに「フェルミ推定」が得意なフェルミらしいやり方です。その結果、原子爆弾の威力は、

TNT 火薬にして 10 キロトンであることがわかりました。あとからわかった実際の威力は、18.6 キロトンでしたので、紙ひもだけを使った推定はある程度正しかったことになります・。

　さて、第二次世界大戦も終局に近づきました。この頃フェルミは、オッペンハイマー、コンプトン、アーネスト・ローレンスとともに、この爆弾をどこに落とすかということを委員会にアドバイスする科学研究班のメンバーでした。彼の研究班と委員会は、工業地帯に警告なしに使用することを了承してしまいました。

広島と長崎に原爆が落とされたことを事後に知る

　このとき、フェルミがどのような発言をしたかはわかりません。けれども、結果として原爆は日本の広島と長崎に使われてしまったのは周知の事実です。ロス・アラモスの科学者たちは、このことを事前には知らされず、実際フェルミが、広島と長崎に原爆が使用されたことを知ったのは、研究所内の所内放送を通じてでした。

戦後の米ソ冷戦に際して

　戦後、フェルミが指導した冶金研究所は、アルゴンヌ国立研究所となりました。アルゴンヌとシカゴは近かったので、フェルミはアルゴンヌとシカゴの両方で仕事をすることができました。アルゴンヌでは彼は基礎的な研究に戻り、実験物理の仕事に集中しました。そこでは、中性子を物質に当てて、その跳ね返りを調べることによって、その物質の構造を調べる、いわゆる**「中性子散乱」の研究**を始めました。とくに、中性子を当てることによって、物質内の電子の回転の様子を調べるという「スピン散乱」という画期的な方法を研究しました。これらの中性子散乱の研究は、現代でも最先端の装置を使い活発に研究されています。

　戦争中、原爆開発を主な業務としていた「マンハッタン・プロジェクト」は、戦後の 1947 年、あらたに「原子力委

員会 (AEC)」と名を変えてスタートしました。フェルミは、原子力委員会における諮問委員会の委員になりました。この委員会はオッペンハイマーが委員長を務め、科学の分野で非常に影響力の大きい委員会となりました。

そんな中、1949年にソ連が原子爆弾の実験に成功したというニュースが流れました。すでに米ソの冷戦が始まっていました。さらに水爆の開発に関する米ソの競争も激化していたので、フェルミは、原子力委員会に対して強い調子の手紙を書きました。その中で彼は、**道徳的および技術的見地から、水爆の開発に猛反対しています。**

晩年は宇宙・生命に
関心が及ぶ

晩年、フェルミはシカゴ大学で教鞭をとりました。この頃、フェルミは素粒子物理や宇宙線に関しても重要な仕事をしています。特に宇宙線に関しては、フェルミは『宇宙線の起源』という本を書き、その中で、宇宙線が星間の磁場により加速された物質によって生成するという考えを提案しました。

またこの頃、彼は、宇宙における生命にも思いを巡らし、現在「フェルミのパラドックス」と呼ばれていることについて、熟考しました。このフェルミのパラドックスというのは、宇宙に生命が存在する確率と、現在までにそのような宇宙人が観測されていないということの矛盾に関し、一定の回答を与えたものでした。**偉大な科学者が、晩年に「宇宙」、「生命」といった根本的な問題に立ち返るのはよくあることです。**

フェルミは1954年10月、病院で胃がんの手術を受け、帰宅した50日後、シカゴの自宅で亡くなりました。53歳の若さでした。

1999年、イギリスのタイムズは、「20世紀の人物100人」という特集を組み、その中の一人に、フェルミを選出しま

した。物理の分野に限っても 20 世紀には多くの偉大な物理学者がいます。しかし、**フェルミは「理論」と「実験」の両面において優れた業績を残した珍しい科学者**と言えます。

　科学史家の C.P. スノーは、次のように書いています。

　「フェルミがあと 2、3 年早く生まれていたならば、ラザフォードの原子モデルを発見していただろうし、その後、ボーアの水素原子モデルも提唱していたであろう。もし、これが誇張に聞こえるなら、フェルミに関することは何でも誇張に聞こえるであろう」

　冒頭に書いた通り、「フェルミ」という名前が出てくる理論や物質は、「フェルミ粒子（フェルミオン）」、「フェルミレベル」、「フェルミ統計」、「フェルミの黄金律」、「フェルミのパラドックス」、「フェルミ推定」、「フェルミウム」などたくさんあり、それらの分野も核物理、固体物理、統計力学、量子力学など多岐にわたっています。

　そんなフェルミにとって「核分裂」という現象の発見を見過ごしたことは、たいしたことではないのかもしれません。

◇◇◇

　以上述べた通り、フェルミは核物理、固体物理、統計力学、量子力学など幅広い分野において数々の優れた業績を上げた偉大な科学者です。また、理論と実験の両方で偉大な業績を残した点においても特筆すべき科学者と言えます。

　彼の研究の多くが、それひとつとってもノーベル賞に値するものですが、彼がノーベル物理学賞を受賞した理由は「中性子照射による原子核の放射化および超ウラン元素の発見」というもので、「核分裂の発見」ではありませんでした。フェルミ自身も、実験中に核分裂による異常に高い放射能が発生することを見出していましたが、彼の天才をもってしても「原子核が 2 つに割れる」などということは思いもよらなかったのです。

　イタリア人のフェルミはアメリカに渡り、否応なしにマンハッタン・プロジェクトにおいて主要的な役割を果たすようになりました。しかし、**彼が目指したのは、核エネルギーの平和利用である原子炉の製作**でした。実際にフェルミの原子炉は実現し、それは今日の原子力発電の基礎となっています。

　フェルミは早くから核エネルギーの危険性について気付いていましたが、彼のような偉大な科学者をもってしても、結果的にそれが実際に兵器として使われることを止めることはできなかったことは悔やまれます。

◇◇◇

第9章

ヴェルナー・ハイゼルベルク
(1901 - 1976)
―天才物理学者とナチの支援者、その不確定性なる人生―

◇◇

　野球のバッターがフライを打ち上げたとします。簡単なフライなら、守っている野手は素早く落下点に走っていき、球を捕球できます。これができるのは、野球のボールというのは、地上では物理法則、つまり万有引力の法則に従って動くからです。ところが、もし野球のボールが「地面に落ちるまで、グラウンドのどこに落ちるかは、決まっていない」などということになったらどうでしょうか？　野手はどこに向かって走っていいかわかりませので、そもそも野球などという競技は成り立ちません。

　ところが、電子などの小さな物質になると、「その物質がどこにあるかは決まっていない」ということが起こるのです。これは「不確定性原理」として知られています。

　なかなか直観的に理解するのが難しい原理ですし、その本質的な物理的意味については、現代でも論争があり、それを補正する新たな理論も提案されています。

　さて、その「不確定性原理」を提唱したのがドイツの若き物理学者ハイゼンベルクです。**この「不確定性原理」こそ、核分裂という現象を説明する際の大きな後ろ盾の理論となりました。**

　ハイゼンベルクは 1932 年に「量子力学の創設」の業績により 31 歳の若さでノーベル物理学賞を受賞しました。

　そのように偉大な物理学者でありましたが、一方で彼は、第二次世界大戦中、ナチの核兵器製造プロジェクトを主導したという別の顔を持っています。

　大戦後も彼はしたたかに生き延び、ドイツの物理学界を主導し、カイザー・ウィルヘルム・物理学研究所というドイツで最も大きな研究所の所長になっています。この研究所はやがて、マックス・プランク研究所と名前を変え、現在に至っています。

　戦中、戦後をしたたかに生きたハイゼンベルクという人の生涯をたどっていきましょう。

◇◇

　　　ヴェルナー・カール・ハイゼンベルクは、20 世紀最初の年、

1901年12月5日にドイツのビュルツブルグに生まれました。ビュルツブルグはドイツ、ロマンチック街道起点の美しい街で、科学の世界では**レントゲン**がX線を発見した町としても有名です。父親は高校の古語の先生をしていましたが、後にドイツでただ一人の中世・近代ギリシャ語の大学教授となった学究肌の人でした。

第一次世界大戦敗戦後のドイツでの青春時代

ハイゼンベルクの少年時代のドイツは、第一次世界大戦後の荒廃からまだ立ち直っていませんでした。戦後の政治的、経済的混乱の中、ドイツ人は希望を失っていたと言えるでしょう。そんな中、ハイゼンベルクは、ボーイスカウトのメンバーとなりました。当時のドイツのボーイスカウトは、若者の運動のひとつでした。その中で彼は、年少グループのリーダーとなり、メンバーたちと生涯の友となりました。そして登山、キャンプなどを通じてドイツの将来について語り合うなど、積極的な少年時代を送ったようです。

マックス・プランク（1章）が音楽家になろうか物理学者になろうか悩んだのと同じように、ハイゼンベルクも幼いうちから音楽的才能を発揮しました。そして最初はなんとピアニストになりたいと考えていたようです。後にハイゼンベルクは1967年、66歳のときに来日していますが、このとき日本の弦楽器奏者とともにシューベルトのピアノ五重奏曲「鱒」のピアノパートを完璧に演奏したそうです。「鱒」のピアノパートは、非常に速い難しいパッセージがあり、プロのピアニストでも苦労する難曲です。ハイゼンベルクのピアノの腕前は確かにプロ並みだったのでしょう。

当時最高の数学者と物理学者の下で学ぶ

そんなハイゼンベルクでしたが、結局は音楽よりも物理の道を選び、1920年から1923年までミュンヘン大学とゲッチンゲン大学で物理学と数学を学びました。ミュンヘン大学での先生は、**アーノルド・ゾマーフェルト**（1868-1951）

とウィルヘルム・ウィーン（1864-1928）でした。ゾマーフェルトは、アインシュタインの特殊相対性理論に数学的基礎を与える研究や、金属の中の自由電子の量子論などの業績をあげるとともに、ハイゼンベルクを含めて4人のノーベル賞受賞者を指導するなど、名伯楽としても知られています。またウィーンも、マックス・プランクの量子論のもととなった黒体放射に関する研究で知られています。

　ゲッチンゲンでは、マックス・ボルン（1882-1970：ドイツの物理学者。1954年、量子力学、特に波動関数の確率解釈の提唱によりノーベル物理学賞を受賞）、ジェームズ・フランク（4章）から物理学を、ダフィット・ヒルベルト（1862-1943：「現代数学の父」と呼ばれるドイツの数学者）から数学を学びました。この3人も科学史に残る超一流の学者と言っていいでしょう。つまりハイゼンベルクは当時の最高の物理学者、数学者に教えられたと言えます。

原子理論に興味を抱き、ニールス・ボアと出会う

　さて、ミュンヘンのゾマーフェルドは、学生が何に興味を持っているかをよく知っていて、ハイゼンベルクがニールス・ボーア（5章）の原子理論に非常に興味持っていることも知っていました。そこで、ゾマーフェルドはハイゼンベルクを1922年6月に国際会議に連れて行きました。この国際会議では、ニールス・ボーアが招待講演者となっており、量子原子物理学に関する一連の講演を行ないました。そこで、ハイゼンベルクは初めてボーアに出会ったのです。その出会いは、彼に生涯影響を与えました。

　ハイゼンベルクは22歳のときに博士論文を書きましたが、そのテーマはゾマーフェルドによって示唆された「乱流」という課題に関するものでした。この論文の中で、彼は流体の流れの安定性と乱流の性質について述べています。

　ゲッチンゲンに移ってからのテーマは、ミュンヘン時代とは打って変わって、原子から放出される光の波長が磁場

によって分裂する現象（いわゆるゼーマン効果）に関する
ものでした。この研究により、ハイゼンベルクはなんと23
歳の若さで教授資格を得ました。

**コペンハーゲンの
ニールス・ボアの下
に留学**

　さてハイゼンベルクは、1924年から1927年まで、ゲッ
チンゲン大学で私講師をしていました。この間、1924年9
月から、1925年5月までアメリカのロックフェラー財団の
奨学金を得てコペンハーゲン大学の理論物理学研究所所長
であるニールス・ボアの下に留学しました。理論物理学
研究所は、その少し前の1921年にボアによって設立され
たものでしたが、ボアは海外から多くの物理学者を招き、
いわゆる「コペンハーゲン学派」を形成するなど、ヨーロッ
パの物理学研究のメッカとなっていたのです。ちなみにボ
アは、ハイゼンベルクが留学する2年前の1922年にノーベ
ル物理学賞を受賞しています。

　コペンハーゲンで当代最高の物理学の雰囲気に触れたハ
イゼンベルクは、ゲッチンゲンに戻り、マックス・ボルン、
エルンスト・パスクアル・ヨルダン（1902 -1980：量子力学
に数学的基礎を与えたドイツの物理学者）とともに**量子力
学の研究に没頭**します。そして彼らと共に、たった半年間
で「行列力学」を完成させます。これは、量子力学におけ
る理論形式のひとつで、量子論を数学の行列という表示で
定式化したもので、マトリックス力学とも呼ばれています。

　この業績をひっさげ、ハイゼンベルクは1926年5月、再
びコペンハーゲンに行き、ボアの下で研究を始めまし
た。彼が最大の業績である**「不確定性原理」の着想を抱い
た**のはまさにこの時期です。1927年2月、ハイゼンベル
クは物理の仲間であった1歳年上の**ウォルフガング・パウ
リ**（1900-1958）に手紙を書き、その中で彼は、彼の新しい
原理について語っています。ハイゼンベルクは、彼の不確

定性原理に関する論文の中では、「不正確さ（ドイツ語では Ungenauigkeit）」という言葉を使っています。

不確定性原理とは　この不確定性原理は最初に述べた通り、電子のような小さいものになると、その位置を正確に決めることができないという、それまでの古典物理学の常識からすると考えられないような新奇な理論でした。もう少し正確に言うと、量子力学に従うようなミクロな系の物理量 A を観測したときの不確定性と、同じ系で別の物理量 B を観測したときの不確定性が同時にゼロになることはないという理論です。

　たとえば、電子のようなミクロな系の位置と運動量の両方を正確に決定することはできないということです。図では、電子の位置の不確かさを Δx、運動量の不確かさを Δp とすると、この 2 つを掛け合わせた値である Δx × Δp は、h/4π（h は 1 章に出てきたプランクの定数）以下になっているということです。

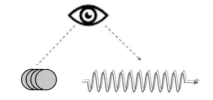

電子の位置の不確かさ：Δx　　電子の運動量の不確かさ：Δp

$$\Delta x \times \Delta p \leqq h/4\pi$$

電子の位置の不確かさを Δx、運動量の不確かさを Δp とすると、$\Delta x \times \Delta p \leqq h/4\pi$ が成り立つ。

　実を言うと近年、この不確定性原理に関するハイゼンベルク自身による説明は正確ではないということがわかってきており、種々の補正が加えられています。しかし、**ハイゼンベルクの不確定性原理は、量子力学の基礎となる重要な理論であるだけではなく、電子以外の、陽子、中性子な**

どミクロな物質にも当てはまることから、原子核の変換や核分裂を説明するうえでも重要な理論となったのです。

相対論量子力学理論
とは

1927 年、ハイゼンベルクは、ライプツイッヒ大学の理論物理学教授、および物理学科の主任教授になりました。この時代、ハイゼンベルクと友人の**ウォルフガング・パウリ**は、量子力学における重要な論文を発表しました。それは**「相対論量子力学理論」**に関するものでした。「量子論」だけでも難しいのに、そこに「相対論」まで絡んでくるとは、ちょっと素人には難しい理論です。

　非常に簡単に言うとこういうことです。量子力学において、電子などの運動を記述する基礎方程式というのは、もともとニュートンの古典物理学にも当てはまる式を基礎としています。ところが、アインシュタインが提唱した相対性理論によれば、物体の速度が光速に近づくと質量が増えるため、古典物理学を基礎とした式で表すことができなくなります。そこで電子などの小さな粒子が光速に近い速度で運動する系を量子力学的に扱うために、アインシュタインの特殊相対性理論を導入して量子力学を拡張したものが、「相対論量子力学理論」です。この理論は、現代でも技術革新に伴い，材料やその加工の過程において深く関わってくる重要な理論となっています。

1932 年、ノーベル
物理学賞受賞

20 代で「不確定性原理」や「相対論的量子力学」など、量子力学における主要な理論を発表したハイゼンベルクは、1929 年に中国、日本、インド、アメリカなどに講演旅行に出かけました。また、1932 年、「量子力学の創始ならびにその応用」に関してハイゼンベルクはノーベル物理学賞を受賞しています。

　1937 年 1 月、ハイゼンベルクは私的な音楽リサイタルで、

大学の経済学部教授の娘であるエリザベス・シューマッハーという女性と出会いました。彼女の兄も有名な経済学者でした。ハイゼンベルクは、その年の4月に結婚し、翌年2人の間にマリアとウォルフガングという双子の兄弟が生まれました。そのとき、彼の親友であるウォルフガング・パウリは、ハイゼンベルクにお祝いを送り、「対生成おめでとう！」と書きました。これは素粒子において、エネルギーから物質の対（粒子と反粒子）が生成する現象である「対生成」をもじったジョークでした。その後も2人の間にさらに5人の子供が生まれました。彼らの多くは後にやはり学者になっています。

1933年、ヒトラー政権樹立とともに、ユダヤ人物理学者を擁護し冷遇される

さて、1930年代初頭のドイツには、ナチの台頭により、次第にユダヤ人排斥の動きが強まります。物理の世界にもその波が押し寄せます。物理学界も、反ユダヤ人的になっていき、ユダヤ人であるアインシュタインの提唱した相対性理論も白い目で見られるようになります。

1933年、ヒトラーが権力を握ると、ハイゼンベルクは報道機関から「白いユダヤ人」として糾弾されました。ハイゼンベルク自身はユダヤ人ではありませんでしたが、彼はたびたび相対性理論や、ユダヤ人物理学者を擁護する発言を繰り返していたからです。ついにハイゼンベルクは、ナチ親衛隊により監視されることになってしまいました。このことは、人事にも影響します。

ハイゼンベルクはミュンヘン大学におけるゾマーフェルト教授の後継者と目されていましたが、結果的にその人事は反故にされます。ドイツ物理学界の御用学者たちは、ゾマーフェルドやハイゼンベルクを含む理論物理学の指導者たちに悪意のある攻撃をしました。そんな中でもハイゼンベルクの研究は進み、1936年中ごろ、彼は宇宙線に関する

理論を発表しています。

　1939年6月、ハイゼンベルクはアメリカに旅行しました。ミシガン大学を訪問したとき、アメリカへ移住しないか？との誘いを受けました。ナチから日頃攻撃されているハイゼンベルクでしたが、**彼はこのときアメリカへの招待を断りました。**この決断が、後の彼の人生に大きな影を落とします。

1938年、オットー・ハーンらの核分裂発見に際して

　さて、1938年、ドイツの化学者である**オットー・ハーン**と**フリッツ・シュトラスマン**が本書の主題である核分裂に関する論文を発表しました。その中で彼らは、ウランに中性子を照射したところバリウムを検出したと述べました。これと同時に、ハーンはこれらの結果に関する手紙を、彼の友人である**リーゼ・マイトナー**（3章）に送りました。先に述べた通り、マイトナーは、その年の7月、オランダに逃げ、そのあとスウェーデンに行きました。マイトナーと彼女の甥であるオットー・ロバート・フリッシュは、ハーンとシュトラスマンの結果が核分裂のためであると説明しました。

ドイツの核兵器開発　核兵器開発プロジェクトがスタート

　時は第二次世界大戦前夜です。核分裂が膨大なエネルギーを発生し、兵器として使える可能性があることはナチの耳にも伝わり、ナチ政権下で1939年9月、軍の援助の下に「ドイツ核兵器開発プロジェクト」がスタートしました。このプロジェクトの第1回目の会議は9月にベルリンで開催されました。この会議にはオットー・ハーン、**ハンス・ガイガー**（1882-1945：ドイツの物理学者。放射線量を測定するガイガー＝ミュラー計数管の発明で知られる）など著名な科学者が呼ばれました。そして第2回目の会議にはハイゼンベルクも呼ばれました。プロジェクトの本部は、ベルリンのダーレムにあるカイザー・ウィルヘルム・物理学研究

所（KWIP）に置かれました。そしてついに、軍主導による核兵器開発のプロジェクトが始まったのです。

　このプロジェクトの科学者メンバーは個人的にも、また専門的な意見でもよく対立し、必ずしもまとまっているとは言い難いものでした。1942年2月に軍の兵器部門の主催で行なわれたカイザー・ウィルヘルム・物理学研究所における会議において、ハイゼンベルクは、役人たちに対して、核分裂からエネルギーを得ることに関して講演を行ないました。しかし、いつの世もそうですが、科学的な内容を役人のような素人に説明するのは難しかったようで、この講演について、戦後、ハイゼンベルクは皮肉を込めて次のように述べています。

　「私は、帝国の大臣の知的レベルに合わせて講演したのだ」

　この講演で、ハイゼンベルクは、核分裂の持つ潜在的な膨大なエネルギーについて説明しました。まず、原子核が分裂すると、約2億5千万電子ボルトのエネルギーが発生することを述べました。次に、この分裂の連鎖反応を持続させるためには、純粋な質量数235のウランが必要であることを説明しました（天然のウランには核分裂しない質量数238のウランが99.3%、核分裂する質量数235のウランが0.7%含まれている）。これらの事実は今日でもほぼ正確で、ハイゼンベルクの正確な知識には驚かされます。

　さて、ハイゼンベルクらは、ウラン濃縮の方法や、核分裂で発生した中性子の速度を、次の核分裂が起こりやすいように減速する減速材などについて調査しました。彼は、この原子爆弾が、燃料車、船、潜水艦などで運ぶことができることを知っていました。そこで、このプロジェクトを成功させるためには、軍に対して、金銭的、人的援助が必要であることを強調しました。ハイゼンベルクが出席した第二回目の会議を聞いた人々には、物理学が軍事や国家の

防衛にとっていかに重要であるかがわかりました。

　この会議にはベルンハルト・ルスト（1883-1945）という政治家も出席していました。ルストは、帝国の教育文化省の科学大臣でした。会議を聴いたルストは、核プロジェクトをカイザー・ウィルヘルム協会から引き離すことを決定しました。そのかわり帝国科学会議がこのプロジェクトを担当したのです。つまり、より政府の直轄による軍事プロジェクトとしての色彩が強くなったのです。そのときカイザー・ウィルヘルム研究所の所長をしていた**ペーター・デバイ**（1884-1966：オランダの物理学者。X線、電子線回折による分子構造の研究などにより1936年ノーベル化学賞を受賞）は憤慨し、ドイツ国民になることを拒否し、アメリカに渡りました。

　核エネルギープロジェクトが帝国科学会議の指揮下に置かれてから、このプロジェクトはますます戦争への応用に特化していき、軍からの資金援助が増えました。

　1942年6月、ハイゼンベルクは、このプロジェクトが、実際の核兵器開発につながるかどうかの見通しについて、ドイツの国防大臣にレポートを提出するように言われました。この会議のとき、ハイゼンベルクは国防大臣に対して、1945年以前に原爆を製造することは、金銭的、人的理由により不可能であると述べました。

ドイツは核兵器開発を断念　ハイゼンベルクの助言のためもあってか、1942年、ついに軍はドイツの核兵器プログラムを断念したのです。そして1942年以降、ドイツにおける核分裂の研究に携わる研究者は劇的に減少しました。多くの科学者は、核分裂研究から離れ、戦争に関係する、より緊急の課題に取り組むことになったのです。

　1943年2月、ハイゼンベルクは、フリードリッヒ・ウィ

ルヘルム大学（現在のフンボルト大学）の理論物理学の主
任教授に指名されました。同年4月、彼は家族をドイツ南
部のウルフェルトにある隠れ家に移します。というのは、
ベルリンは連合国側による空襲が激しくなってきており、
危険になったからです。その年の夏には、彼はカイザー・ウィ
ルヘルム研究所のスタッフを同じ理由により、ドイツ南西
部のシュヴァルツヴァルト（黒い森）にある町に移しました。
1943年10月、ハイゼンベルクはドイツが占領したオランダ
を、12月には、ポーランドを訪問しました。

**連合国側から要注意
人物としてマークさ
れる**

　1944年2月、ハイゼンベルクは、ドイツが占領したコペ
ンハーゲンを訪問しました。そこでは、ドイツ軍がボーア
の理論物理学研究所を没収していたのでした。同年12月、
ハイゼンベルクは中立国のスイスに行き、そこで講演をし
ました。この頃はドイツの敗色が濃くなっており、連合国
側はヨーロッパ中でスパイ活動をしていました。

　ハイゼンベルクがスイスで講演した際、アメリカは、ス
パイにピストルを持たせてその講演に出席させていたので
す。そしてなんと、もしドイツが原子爆弾の製造に近いこ
とをハイゼンベルクが講演で述べたなら、彼を撃つように
指示したのです。しかし幸か不幸か、実際にはドイツは原
爆の製造を半ばあきらめていたので、そのようなことは起
こりませんでした。

　1945年1月、いよいよ戦況が悪くなったため、ハイゼ
ンベルクはスタッフのほとんどを連れて、ベルリンのカイ
ザー・ウィルヘルム・物理学研究所を後にし、シュヴァル
ツヴァルト（黒い森）の施設に移りました。この頃になると、
ドイツでは死者や施設の損害を減らすため、多くの施設が
分散するように移動されましたが、カイザー・ウィルヘルム・
物理学研究所も爆撃されたため、その多くの施設が、1943
年から1944年にかけて黒い森に移動していたのです。しか

し、その場所も最後にはフランスによって占領地されることになり、核開発に携わった多くのドイツ人科学者はアメリカ軍によって捕らえられ、保護されました。

連合国軍の攻撃はハイデルベルグにも及び、そこでも多くの科学者が捕らえられました。彼らの取り調べにより、ハイゼンベルクをはじめ、**オットー・ハーン**、**マックス・フォン・ラウエ**など著名な科学者の居場所が突き止められてしまいました。また、ハイゼンベルクのチームがベルリンに天然ウランを使った実験原子炉を製作し、それが他の場所に移されたことなどが判明しました。そしてついに、ハイゼンベルク自身も、1945年3月、ライン川沿いのウルフェルトという町で逮捕、監禁されました。ハイゼンベルクは、その年の5月にハイデルベルグに連行されましたが、その2日後、ドイツはついに降伏し、戦争は終結しました。

戦後、ハイゼンベルク以外にも、核開発を主導した10人ほどの著名なドイツ人科学者が連合国軍によって捕らえられ、連合国軍監視のもと、フランスとベルギーを通り、1945年7月3日、イギリスに連行されました。彼らは、イギリスのファーム・ホールという場所にある施設に拘束されました。拘束中、彼らの行動は監視され、会話は録音されました。連合国側にとって価値のある情報に関する会話は、すぐに英語に翻訳されました。このときの録音は、後の1992年になって公開されました。その内容は次のようなものでした。

1945年8月6日、収容されていたドイツの科学者たちは、アメリカが日本の広島に原子爆弾を落としたというニュースを知りました。最初彼らは、原子爆弾がアメリカによって製造され、それが現実に落とされたということについて、だれも信じませんでした。しかし多くの科学者は、連合国

1945年5月、ドイツ降伏

1945年8月、イギリスにて、米軍による原爆が日本に投下されたことを知る

側が大戦に勝利したことを喜んだのです。

ハイゼンベルクは科学者たちに言いました。

ハイゼルベルクの本音？

「私は原子爆弾の製造を考えたことはない。ただエネルギーを発生する発電機を考えたかったのだ」

また、ドイツが核兵器製造プログラムに失敗したことについて、ハイゼンベルクはこう語っています。

「ナチが原爆製造のプロジェクトを開始したとき、私は12万人もの人を、このプロジェクトのために雇うことを勧める道徳的勇気を持っていなかった」

これらの科学者の会話が秘密裏に録音されていたのであれば、ハイゼンベルクの語ったことは、彼の本音だったと思われます。

1946年1月、拘束されていたドイツの科学者たちのうち、10人はドイツのハノーヴァー近くにあるアルスヴェーデという町に移されました。そこはイギリスが占領した土地だったのです。

その後ハイゼンベルクは許されて、イギリスが占領していたゲッチンゲンに移り、そこにあるカイザー・ウィルヘルム・物理学研究所の所長に任命されました。この研究所は、「カイザー・ウィルヘルム」という戦前の皇帝の名に対する反対を和らげるため、マックス・プランクを記念して「マックス・プランク物理学研究所」と名前を変えました。

戦後も数々の重要な研究成果を発表

戦後、数々の要職に復帰したハイゼンベルクでしたが、彼の研究に対する情熱は衰えることを知りませんでした。彼の研究の興味は、再び基礎物理学に戻り、さらに数々の業績をあげていきます。

それらは今日でも重要となっているテーマが多く、たとえば、素粒子物理学の分野では**素粒子の「統一場理論」**があります。また、物性物理の分野では、今日でも重要なテー

マである**超伝導現象に関する論文**を 1947 年に 1 報、1948 年に 2 報発表しています。そのうちのひとつは、かつての同僚であるラウエとの共著でした。また、ハイゼンベルクは彼の博士論文のテーマにちょっとだけ戻ってもいました。それは先に述べた**乱流に関する研究**です。3 報の論文が 1948 年に発表され、さらに 1950 年に 1 報が発表されました。またハイゼンベルクは、宇宙線についても興味を持ち、多くの中間子を発生する**宇宙線シャワーに関する論文**を 1949 年に 3 報、1952 年に 2 報、1955 年に 1 報発表しています。

核兵器の開発・保有 への反対声明── ゲッチンゲン宣言

　さて戦後、世界は米ソ冷戦の時代を迎えます。米ソの核開発が進められる中、1952 年にアメリカは原子爆弾よりはるかに破壊力のある水素爆弾の実験に成功したのでした。1954 年には日本の漁船乗組員が被爆する「第五福竜丸事件」が起こります。

　翌 1955 年には原水爆禁止世界大会が開催され、核兵器開発に反対する、いわゆる**「ラッセル・アインシュタイン宣言」**が発表されるなど、世界規模での反核運動が盛り上がってきました。

　ハイゼンベルク自身は西ドイツにいたので西側の人間でしたが、アメリカによる核兵器開発には危機感を感じていました。1957 年 4 月、ハイゼンベルクを含む 18 人の科学者たちが、西ドイツのゲッチンゲンに集まり、当時の西ドイツ首相であるコンラート・アデナウアーに対して、**核武装に反対することと、核保有に向けた一切の研究に関わらない声明**を発表しました。そのメンバーの中には、核分裂の発見者である**オットー・ハーン**、**フリッツ・シュトラスマン**や、かつての同僚である**マックス・フォン・ラウエ**もいました。この声明は**「ゲッチンゲン宣言」**と呼ばれています。

　晩年のハイゼンベルクは、趣味である音楽と登山を愛し

ました。彼の自伝には、彼が登山をしている写真が載っています。ハイゼンベルクは1976年2月1日、腎臓と胆のうのがんのため、74歳で亡くなりました。

◇◇◇◇◇◇◇◇◇◇◇◇◇◇◇◇◇◇◇◇◇◇◇◇◇◇◇◇◇◇◇◇◇◇◇◇

　このように、ハイゼンベルクは若くして**「不確定性原理」という量子力学の基礎的な理論を提唱**しました。これは「核分裂」という世紀の大発見に関して、その理論的根拠を与える基礎理論となりました。彼はその後も数々の理論物理学における偉大な業績を残し続けました。

　ところが、第二次世界大戦においてドイツにとどまる決断をしたときから、彼の科学者としての人生は激変します。多くのドイツの科学者が海外に亡命する中、まだ若いハイゼンベルクは否応なしにドイツの核兵器開発のリーダー的存在にさせられてしまいました。

　結果的に原爆製造に関するドイツのプロジェクトは成功しませんでしたが、連合国側から核兵器開発に関する嫌疑をかけられ、逮捕監禁される憂き目にあいます。

　戦後はしたたかに生き延び、基礎研究において数々の要職につくとともに、核兵器開発に反対する「ゲッチンゲン宣言」を出すなど、**核エネルギーの平和利用を主張**しました。

　基礎研究と軍事研究の間をさまよい歩く、まさに「不確定性人生」だったと言えるでしょう。

◇◇◇◇◇◇◇◇◇◇◇◇◇◇◇◇◇◇◇◇◇◇◇◇◇◇◇◇◇◇◇◇◇◇◇◇

第 *10* 章

ロバート・オッペンハイマー
（1904 – 1967）
―「原子爆弾の父」という汚名を着せられた不運の科学者―

◇◇

　ロバート・オッペンハイマーはアメリカの理論物理学者です。彼は、もともと原子や分子の基礎的理論に関する第一級の物理学者でした。しかし、第二次世界大戦が始まると、彼の研究は一変します。

　彼には、「原子爆弾の父」というありがたくないレッテルが張られています。それは彼が、第二次世界大戦中におけるアメリカの原爆開発プロジェクトである**「マンハッタン・プロジェクト」**を主導した人だからです。マンハッタン・プロジェクトにより製作された原子爆弾は、周知の通り広島と長崎の悲劇を生みました。

　第二次世界大戦が終わると、米ソ冷戦が始まり、アメリカとソ連による核開発競争が激化します。その中でオッペンハイマーは、アメリカに新しく創設された原子力委員会の委員長に就任しました。そこで彼は、戦前の原子爆弾製造の主導者だったのと打って変わり、この委員会を使って、**ソ連との核兵器開発競争を避けるように必死でロビー活動をしました。**このような活動のため、当時アメリカで起こったレッド・パージ、いわゆるソ連寄りの共産主義者の粛清にあいます。

　そんな中でも、オッペンハイマーは、中性子星やブラックホール、量子力学、量子場理論、宇宙線などに関する研究において、次々と業績をあげていきます。それが認められて、ケネディ大統領の時代になって、オッペンハイマーの政治的な名誉はやっと回復されました。

　しかし、彼の生涯を振り返ると、**まさに戦争と政治に翻弄され人生**だったと言えます。

　では、そのような激動の研究生活を送ったオッペンハイマーの人生をふり返ってみましょう。

◇◇

ドイツからのユダヤ系移民の子としてニューヨークに生まれる

　オッペンハイマーは、1904 年 4 月 22 日にニューヨークで生まれました。父親のジュリアス・オッペンハイマーは裕福なユダヤ人の実業家であり、母親のエラ・フリードマンは画家でもありました。父親のジュリアスは、1888 年にド

イツからアメリカに渡った移民でした。ジュリアスは、大学を卒業しておらず、英語が全くしゃべれないまま、無一文でアメリカに渡った人でした。彼は、繊維会社に職を得て10年間でその会社の重役となりました。オッペンハイマーにはフランクという弟がいましたが、この弟ものちに兄と同様、物理学者になっています。

裕福な家庭で理系、文系の両方に興味を持つ

オッペンハイマーが子供の頃、一家は、ニューヨークのマンハッタンの西88番街のアパートに住むようになりました。このエリアは、大都会のニューヨークの中でも特に、ぜいたくなマンションや都会的な住宅が多いことで知られています。オッペンハイマー一家はかなり裕福だったようで、マンションには絵のコレクションがたくさんあり、その中にはなんとピカソの作品もありました。また、少なくとも3点のゴッホのオリジナルの絵があったそうです。

オッペンハイマーは、倫理文化協会（Ethical Culture Society）という組織が運営する学校に入学しました。この倫理文化協会というのは、フェリックス・アドラー（1851-1933）という人によって設立された協会で、19世紀後半から20世紀初頭にかけて米国での宗教活動に根ざした活動をするものです。それは敬けんなプロテスタントの教派に影響され、強い社会的な行動主義の色合いを持っていました。そのモットーは、「信条よりもまず行動」というものでした。

このような教育環境の中で、オッペンハイマーは多方面の学問で才能を発揮します。彼は英文学やフランス文学に興味を持つとともに、鉱物学にも特別に興味を持ちました。今で言えば、**理系、文系両方に興味を持ち才能を発揮した**のです。彼は3学年と4学年を1年で終えるという秀才ぶりを発揮し、トータルでは8年間の就学期間をなんと半分の4年間で終えています。最終学年のとき、彼はとりわけ化学に興味を持ちました。

病気療養の始まり　ところが卒業後、彼は大腸炎を患い、ヨーロッパのチェコにある保養地で、しばらくの間家族とともに静養しています。病気のときに海外の保養地で静養するとは、なかなかリッチですね。さらに病気を治すため、父親はオッペンハイマーをニューメキシコ州にも連れて行きました。そこで彼は乗馬と南部アメリカが好きになったそうです。都合、病気による療養は1年に及びました。

　さて、病気も快復した18歳のときに、オッペンハイマーは名門のハーバード大学に入学しました。そこでオッペンハイマーは、興味を持った化学を専攻しました。ハーバード大学は、今日でもそうですが、日本ほど明確には理系、文系という分け方をしません。科学を専攻する学生に対しても、歴史、文学、哲学などの人文科学も学ぶことが求められていました。

科学の先進地イギリスに留学　オッペンハイマーは1年間の病気によるブランクを取り戻すべく、猛烈に勉強しました。**特に熱力学コースの中の実験物理に興味**を持ち、最優秀の成績で卒業しました。

　1924年、20歳になったオッペンハイマーは、ケンブリッジ大学に留学する機会を得ました。彼は**アーネスト・ラザフォード**（2章）に手紙を書き、キャベンディッシュ研究所で仕事をする許可をお願いしました。オッペンハイマーの指導教官であった**パーシー・ブリッジマン**（1882-1961：アメリカの物理学者。高圧の研究で1946年ノーベル物理学賞を受賞）は彼の留学にあたり推薦状を書きました。そのなかで、ブリッジマンは、「オッペンハイマーは不器用であり、彼の得意なのは実験ではなく、理論物理である」と述べました。この推薦状のせいもあったのか、実験物理を主としているラザフォードは、オッペンハイマーを指導するのには、あまり乗り気ではありませんでした。オッペンハ

イマーはとにかくケンブリッジに行き、他のオファーがあるのを待ちました。

　結局彼は、最終的に、電子の発見者の一人として有名な__J.J. トムソン__（1856-1940）の目に留まり、彼の研究室に入りました。ただしその条件として、研究室の基礎コースを完全に学ぶ、ということが要求されました。

　オッペンハイマーは研究に没頭すると、まさに寝食を忘れてのめり込むタイプの人でした。一方、少々荒々しい性格の持ち主でもあったようです。

　J.J. トムソンの研究室で、彼はちょっとした事件を起こしています。彼は彼より2、3年先輩と研究上のことで口論となり、ある日、その先輩の机の上に毒薬に浸けたリンゴを置いたのです。幸い事前にオッペンハイマーが友人に、このことを告白したので、大事には至りませんでした。この友人は、事件について大学当局に証言したため、オッペンハイマーは大学当局から、保護観察処分にするとの警告を受けてしまいました。そのときは彼の両親がロビー活動をして大学当局を説得し、何とか事なきを得たのです。

ドイツに留学して錚々たる科学者と巡り合う

　1926 年、22 歳のオッペンハイマーは、__マックス・ボルン__（1882-1970）の下で学ぶため、ケンブリッジを去りドイツのゲッチンゲンに向かいました。ゲッチンゲンは当時、理論物理学のメッカのひとつでした。ここでオッペンハイマーは、のちに大科学者となる多くの人々と友人になりました。その中には、__ヴェルナー・ハイゼンベルク__（9 章）、__ウォルフガング・パウリ__（1900-1958）、__ポール・ディラック__（1902-1984）、__エンリコ・フェルミ__（8 章）など、錚々たる科学者がいました。

　ここでもオッペンハイマーは、彼の攻撃的な性格をいかんなく発揮します。彼は議論に関してあまりにも情熱的で

あるため、しばしばセミナーを乗っ取ることで有名でした。このことは、ボルンの下で学んでいた他の学生たちをいらだたせた。そのため、学生たちは懇願書をボルンに提出し、「オッペンハイマーを静かにさせなければセミナーをボイコットする」と主張しました。ボルンは、オッペンハイマーに直接それを伝えるのを避け、その懇願書をわざと机の上に置き、オッペンハイマーが見るようにしむけました。それは直接言うより効果的だったようで、その後オッペンハイマーは、少しおとなしくなったようです。

さて、オッペンハイマーは 1927 年 3 月、ボルンの指導の下で博士の学位を取得します。口頭試験の後、教務を担当していた**ジェームズ・フランク**（4 章）は、こう言いました。

「終わってよかった。彼は私に質問する側にいたのだ！」

オッペンハイマーはゲッチンゲン時代に、量子力学の新しい分野に重要な貢献をした論文も含め、12 報以上の論文を発表しました。とくに有名なのはボルンと共著で書いた論文で、その内容は、「**ボルン―オッペンハイマー近似**」として知られています。

それは、分子の中の原子核の動きと電子の動きを別々に取り扱うという原理を数学的に説明したものです。つまり近似的には、原子核の動きを無視してもよいという考え方です。これは今日でも分子内の電子の動きを計算する際の基本的な原理として重要なもので、この論文は、彼の論文の中では最もよく引用されています。

オッペンハイマーは、1927 年 9 月、アメリカに戻り、カリフォルニア工科大学に職を得ることになりました。ところがこのとき、ハーバード大学での指導教官であった**パーシー・ブリッジマン**（1882-1961）は、オッペンハイマーをハーバード大学で雇いたいと思っていました。つまり、2

つの大学が彼を取り合った形になります。そのため、オッペンハイマーの就職に関して折衷案が取られました。それは、1927年から1928年の学期を2つに分け、1927年はハーバード大学で仕事をし、1928年はカリフォルニア工科大学で仕事をするというものでした。

アメリカに戻り、後にノーベル化学賞と平和賞を受賞するポーリングと出会う

カリフォルニア工科大学で彼は**ライナス・ポーリング**（1901-1994）と親しくなりました。ポーリングは、後に20世紀における最も偉大な化学者として広く認められるようになった人であり、化学結合の本性を解明した業績により1954年にノーベル化学賞を受賞した人です。ちなみにポーリングは1962年、地上核実験に対する反対運動の業績により、2つ目のノーベル賞として、異なる分野であるノーベル平和賞も受賞したことでも有名です。

オッペンハイマーは、ポーリングとともに、**化学結合の性質に関して共同で研究**することにしました。それはまさに、ポーリングがパイオニアとして知られている分野でした。その共同研究では、オッペンハイマーが数学的な裏付けをして、ポーリングがその結果の説明をするという、理想的な分担作業で研究は始まりました。

ところが、ここでもオッペンハイマーの攻撃的な性格が災いしてしまいます。はなはだスキャンダラスな話ですが、ポーリングは彼の妻であるヘレンが、オッペンハイマーと親密な関係になったことを疑ったのです。あるとき、ポーリングが仕事をしているとき、オッペンハイマーが彼の家にやってきて、ポーリングの妻のヘレンをメキシコにデートに誘ったのです。彼女はそれを断り、夫であるポーリングにそのことを告白しました。そのため、彼はオッペンハイマーと絶交してしまったのです。

後年、オッペンハイマーは、彼が主導する原爆製造のマンハッタン計画において、ポーリングを化学部門のヘッド

に招聘しようとしたのですが、ポーリングはそれをきっぱりと断っています。そんなこともあり、ポーリングとオッペンハイマーの共同研究は頓挫してしまいました。ちなみに、ポーリングはこの研究でノーベル化学賞を受賞しましたが、オッペンハイマーは生涯、ノーベル賞の栄誉をつかむことはでなかったことは、歴史の皮肉としか言いようがありません。

ヨーロッパにて、
パウリと出会う

さて、1928年の秋、オッペンハイマーは、オランダに行き、ライデン大学で講演をしました。彼はそれまでほとんどオランダ語を学んだことはなかったのですが、なんとその講演はオランダ語で行なわれ、多くの聴衆に感銘を与えたそうです。彼の語学の天才ぶりが感じられるエピソードです。

オランダを後にした彼は、次にスイスのチューリッヒにある連邦工科大学に行きました。そこでオーストリア生まれの**ウォルフガンク・パウリ**（1900-1958）とともに、**量子力学と連続スペクトルに関する研究**を行ないました。オッペンハイマーは、彼にしてはめずらしくパウリと非常にウマが合い、お互いに尊敬しあう中でした。オッペンハイマーは、彼の個人的な研究スタイルと、問題に対する批判的アプローチはパウリから学んだようです。

アメリカに戻ると、オッペンハイマーは、カリフォルニア大学のバークレー校の教授としてのポストを受け入れました。教授としての仕事が始まる前、オッペンハイマーは、今度は結核の症状がでたため、兄のフランクと一緒に、ニューメキシコ州の大牧場で療養しました。彼は砂漠の中にあるその牧場が大変気に入り、後に彼はよくこう言いました。

「物理と砂漠は、私の2つの好きなものである」

　数週間の療養の後、彼は結核から治り、バークレーに戻りました。大学でのオッペンハイマーに対して、学生や助手の印象は「態度はよそよそしいが、天才的な科学者」と見ていたようです。彼らはオッペンハイマーの歩き方、講演、その他の癖などから、そのように感じたのでした。特に彼がオリジナルの言語ですべてのテキストを読むことに関して彼の天才を知り、驚嘆しました。オッペンハイマーの研究室には多くの学生や助手がいましたが、彼はグループのメンバーと１日１回は必ず会い、学生たちの研究の結果について、次から次へと議論するのが日課でした。彼は何にでも興味があり、一日中、量子力学、電磁気学、宇宙線、素粒子物理、核物理などに関して議論するのでした。

幅広い興味と業績　この頃のオッペンハイマーの業績はあまりにも多岐にわたっていますが、そのごく一部について触れましょう。

　まず、**「相対論的量子力学」**の正確な数式化に関する仕事があります。先にハイゼンベルクのところで述べた通り、「相対論的量子力学」とはアインシュタインの「特殊相対性理論」と「量子力学」が融合された理論です。「相対性理論」は宇宙のような大きなものを扱うのに対して、「量子力学」は電子のような小さなものを扱うので、「相対論的量子力学」とは、一見矛盾した言葉に聞こえます。しかし、速度が光速に近づいた電子のような質量が小さい粒子を記述するときには、相対論的効果を考慮する必要があるという考えが相対論的量子力学で、のちに**ポール・ディラック**（1902-1984）によって数学的に裏付けられました。相対論的量子力学によれば、粒子に対応して必ず反粒子が存在する（電子の場合は陽電子）ということが導かれます。

　オッペンハイマーは分子のスペクトルに関しても重要な仕事をしています。先に述べた通り、もともと彼はドイツに留学したときに分子内の電子の挙動を記述する**「ボルン**

159

―オッペンハイマー近似」を提案しています。今度は、彼は分子から放出される光のスペクトルや電子放出について理論的な考察を進めました。彼はX線を照射したときの水素の光電効果の計算をし、X線の吸収係数を導き出しました。彼の計算結果は、太陽のX線吸収の観察結果と一致しました。太陽がどのような元素でできているのかは、当時まだわかっていませんでしたが、彼の計算結果は、太陽が主に水素からできていることを証明したものでした（現在では、太陽の組成は水素約95%、ヘリウム約5%であることがわかっている）。

このほかの研究としては、**天文学の分野における宇宙線シャワーの理論、量子トンネル効果に関する研究、陽電子の存在の予言**、など、次々と多くの分野で画期的な仕事をしました。

1930年代の後半になると、オッペンハイマーは、しだいに**天文物理学**にのめり込んでいきました。たとえば、1938年には、恒星が進化の終末期にとりうる形態のひとつである**白色矮星（はくしょくわいせい）の性質**を明らかにしています。また1939年、には、「連続した重力の引力」という論文の中で、今日、**ブラックホール**として知られているものの存在を予言しています。

このように極めて多彩な分野に天才を発揮したオッペンハイマーでしたが、逆に言うと、あまりにも多様な興味を持ったため、オッペンハイマーはひとつの科学に対して集中的に仕事をするという根気強さには欠けていたことは否めません。

そのような彼のあくなき興味のひとつがサンスクリットについてでした。1933年頃、バークレーでインド哲学者のアーサー・W・ライダー（1877-1938）に出会い、それがきっかけで**サンスクリットの世界**にのめり込んでいきました。

彼はヒンドゥー教の聖典のひとつである『バガヴァッド・ギーター』を、なんと原語のサンスクリット語で読み、後に自分の人生哲学を綴った本のひとつにそれを引用しています。

彼の親友・同僚であり後に1944年ノーベル物理学賞を受賞した**イジドール・イザーク・ラービ**（1898-1988）は、後にオッペンハイマーについて次のように語っています。

「オッペンハイマーは、一般的な科学の範疇に入らない分野についても造詣が深かった。たとえば彼は、宗教、特にヒンドゥー教に興味を持った。それは彼を取り巻く霧のような宇宙の神秘に対して彼に直感を与えたのである。彼は物理学の中に、真理よりももっと不思議で小説のようなこともものが潜んでいることに気づいていた。そして彼は、堅苦しい理論物理学の方法を捨て去り、もっと幅広い直観の神秘的な分野に入っていったのだ」

一方、同じくノーベル物理学賞受賞者（1968年）である**ルイス・ウォルター・アルヴァレズ**（1911-1988）は、逆にオッペンハイマーの科学的業績を称賛し次のように語っています。

「もし彼が、彼の予言が実験で証明されるまで長く生きていたら、彼は中性子星やブラックホールにおける重力崩壊に関してノーベル賞をもらったであろう。今から考えると、これらのテーマは、彼の生前はほとんど取り上げられることはなかったが、多くの物理学者は、これが彼の最大の業績と考えている」

ちなみに、オッペンハイマーは1945年、1951年、1967年の3回もノーベル賞候補になりましたが、結局受賞することありませんでした。

さて、若い頃のオッペンハイマーは、世界の出来事に比

較的無頓着でした。彼は新聞を読まず、ラジオも聞きませんでした。1929 年にニューヨークのウォール街に端を発した金融危機のときは、それが起こってから6か月後に**アーネスト・ローレンス**（1901-1958：アメリカの物理学者。1939 年、サイクロトロンの開発および人工放射性元素の研究によりノーベル物理学賞を受賞）と歩いているときに彼からそのニュースを聞いたほどでした。

政治への無関心から
転じて……

しかし 30 歳になる頃から、彼は政治や国際問題にもだんだん興味を持つようになっていきました。

1934 年頃のドイツでは、ナチによるユダヤ系研究者の迫害が行なわれるようになってきました。これに対してオッペンハイマーは、給料の 3% を使い、2 年間、**ドイツの物理学者がナチから逃れて海外に脱出するのをサポート**したのです。

1937 年、オッペンハイマーが 33 歳のときに彼の父親が亡くなりました。そのとき、裕福だった父親は 39 万ドルの遺産をのこしました。その遺産は兄のフランクとオッペンハイマーで分けることになりました。その際、オッペンハイマーは遺産として受け取った彼の不動産をすぐに手放して、**カリフォルニア大学の大学院資金に充てる**ことにしたのです。

現在でもそうですが、アメリカでは高額の所得を得た人は、寄付などによりそれなりの社会貢献をすることが通例です。そう言えば、アメリカの名門大学の多く（たとえば、ハーバード大学、エール大学、コーネル大学など）や、カーネギーホールなどの施設は、寄付をした創設者の名前がついています。しかし、この考えがさらに進んで、「金持ちは社会貢献のためにお金を使う義務がある」、あるいは「金持ちは貧しい人に寄付をしなければならない」となってくると、それはアメリカが最も嫌う「社会主義」や「共産主義」

の考えに近くなってきます。

社会貢献への支援が多くの疑惑を生む

　オッペンハイマーは社会貢献のために多くの献金をしたのですが、それは後になってマッカーシー時代に、「オッペンハイマーは左翼」というレッテルを貼られることになるのです（後述）。実際、オッペンハイマーは急進的な考えを持つ人や団体に多くの寄付をしました。たとえば、1936年から1939年にスペインで発生した内戦では、フランシスコ・フランコを中心としたナショナリスト派に対抗する左派の共和派主義者に資金を提供しました。オッペンハイマーは決して、あからさまに共産党に入党したわけではありませんでしたが、共産党のメンバーになりそうな知り合いを通して、共産主義に共鳴する思想を持つ人たちのために資金を提供していたのです。

　オッペンハイマーと共産主義思想とのつながりを示すエピソードは他にもいくつかあります。

　またまたスキャンダラスな話ですが、1936年、オッペンハイマーは、バークレー校の文学部の教授の娘で、スタンフォード大学医学校の学生である、ジーン・タトロックという女性と知り合いになりました。彼女はアメリカ共産党のメンバーで、よく共産党機関紙に論文を投稿していました。オッペンハイマーは彼女と思想的にも共鳴し合い、やがて男女の親密な関係に発展しました。ただしこの関係は長く続かず、その3年後に2人は別れています。

　一方その頃、オッペンハイマーはバークレー校の学生のキャサリン（キティー）という別の女性に出会いました。キティーは、ドイツ生まれの女性で、非常にラジカルな考えを持った人でした。後にアメリカ共産党の党員となっています。キティーには何度か離婚歴があるという恋多き女性でしたが、かつての夫は共産党の過激派で、スペイン内乱のときに殺害されています。その後キティーはアメリカ

に渡り、ペンシルベニア大学で植物学を学び、そこでリチャード・ハリソンという外科医と結婚しました。キティーとハリソンはカリフォルニアのパサデナという町に移り、そこで夫は地方の病院の放射線医学のチーフになりました。そのとき彼女の方は、ロサンジェルスのカリフォルニア大学の大学院生となり、そこでオッペンハイマーと出会ったのです。

1940 年の夏、キティーはニューメキシコ州にあるオッペンハイマーの大牧場で彼と一緒に過ごしました。そのとき彼女は妊娠したことに気づき、ハリソンに離婚を申し出ました。ハリソンがそれを断ると、彼女はネバダ州のリノで離婚証明を取得し、その年の 11 月にオッペンハイマーを何と 4 番目の夫としたのです。オッペンハイマーとキティーの間には 2 人の子供が生まれましたが、オッペンハイマー側にも問題があり、彼は結婚後も、以前別れたはずのジーン・タトロックと付き合っていたのです。タトロックはその後も共産党とかかわりを持っていました。

このように、1930 年代から 1940 年代にかけて、オッペンハイマーと親密な関係にあった人の多くが、共産党でアクティブに活動していた人だったということが、秘密保持という点で、後に問題となります（後述）。

1941 年 10 月、アメリカが第二次世界大戦に突入する少し前、フランクリン・ルーズベルト大統領は、原子爆弾を開発することに同意しました。1942 年 5 月には、国家防衛研究委員会の委員長で、ハーバード時代のオッペンハイマーの指導教官の一人である**ジェームズ・コナント**（1893-1978：アメリカの化学者、外交官。マンハッタン計画では政策決定過程に関与）は、オッペンハイマーを招き、中性子を当てたときの核分裂に関する理論計算に従事するように要請

しました。それは、オッペンハイマーがもっとも得意とする分野であり、彼が全力を傾注できる仕事でした。彼は、ヨーロッパから来た科学者と彼の学生を集めセミナーを開催し、原子爆弾を作るためには、どういう順番で、何をしなければならないかについて、詳細な検討を開始しました。

1942年6月、アメリカ軍は、原子爆弾プロジェクトにおいて、その部品を秘密裏に取り扱うために、プロジェクトの責任を科学者が運営する研究開発組織から軍に移し始め、同年9月、レズリー・グローヴス（1896-1970）がリーダーに指名されました。これが世に言う「**マンハッタン・プロジェクト**」の始まりです。グローヴスは科学者ではなく、最終階級は中将で終わったアメリカ陸軍の軍人でした。

グローヴスはオッペンハイマーを秘密兵器研究室のリーダーに選びましたが、それには多くの人が驚きました。というのは、前述のようにオッペンハイマーは、共産党とかかわりを持つなど、左翼的な政治思想の持ち主であることがすでに知られていたからです。もうひとつの理由は、オッペンハイマーは、それまでに大きなプロジェクトのリーダーをした経験がなかったこともあります。しかも彼がノーベル賞をまだ受賞していないため、ノーベル賞受賞者を含むトップクラスの科学者を指導する威信にかけるということも不安視されていました。

しかし、グローヴスはオッペンハイマーが原爆を設計し製造するという実用的な面における非凡な才能と、彼の幅広い知識や教養に感銘を受けて彼を指名したのです。グローヴスは軍人でしたが、幅広い知識や教養を持つ人が、物理、化学、金属学、工学などを含む学際的なプロジェクトにとって重要であることを知っていたのです。

オッペンハイマーとグローヴスは、秘密保持と研究の集中のためには、集中管理された秘密の研究室が、都会から

165

遠く離れた場所に必要だと考えました。1942年後半に適当なサイトを探した結果、オッペンハイマーは彼の大牧場からさほど遠くないニューメキシコ州に見当を付けました。1942年11月、オッペンハイマー、グローヴス、そして他の科学者たちは、その候補地を見て回りました。しかし科学者の中には、その土地に洪水の可能性があることを心配しました。そこで彼は、彼がよく知っている他の場所を提案しました。それはニューメキシコ州のサンタフェに近い平らな台地でした。そこは、ロス・アラモス・ランチ（Ranch）学校と呼ばれている私立の男子学校のサイトでした。

何人かの科学者は、交通の便が悪いことと、水の供給が不安であるという意見を述べましたが、他の多くの人は、その場所がベストであると感じました。そこで**「ロス・アラモス研究所」**が学校の土地に、いくつかの建物をそのまま利用し設立されました。他の建物は大急ぎで建設されました。そこでオッペンハイマーは、当時最高の物理学者を集めたグループを作り、それを「有名人たち（luminaries）」というニックネームで呼びました。

研究が始まった当初は、ロス・アラモス研究所は軍隊の研究所と考えられていました。オッペンハイマーと他の研究者たちは、軍から委託されて研究をしていました。しかしいつの世でも、科学者というものは、自分のアイディアで独自の研究をしたがるものです。いかに戦争のためとは言え、ノーベル賞級の科学者たちが集まり、軍からの命令で黙々と業務をこなすというのはうまくいかないものです。そんなわけで、軍の命令で研究するというパターンは挫折しました。

そこで、コナント、グローヴス、オッペンハイマーは、次のような妥協案を考えました。それは、軍事省（War Department）との契約の下で、研究自体はカリフォルニア

大学によって運営されるというものでした。それによって
研究が多少は進むようになりました。

　ところがやがて、オッペンハイマーは、このプロジェク
トの規模を過小評価していたことに気づいたのです。ロス・
アラモス研究所は、最初の 1943 年は数百人規模で始まり
ましたが、2 年後の 1945 年には、なんと 6000 人の規模に拡大
したのです。

　オッペンハイマーは、最初はこのような大きなグループ
の組織を指揮することに苦労しました。しかし、その台地
にパーマネントの住宅を手に入れると、彼は大きなスケー
ルの管理のやり方を素早く習得し、マネージメントの才能
を発揮しました。彼は、プロジェクトに関するすべての科
学の側面を理解し、適切な指示を与えました。科学者と軍
の間には、当然ながら様々な問題が起こりましたが、彼は
この「文化の衝突」をうまくコントロールすることに努力
しました。そしてしだいに、研究者仲間の間で、彼は象徴
のような存在になっていったのです。

**1943 年、核爆弾の
製造開始**

　1943 年、**プルトニウムを使った核爆弾の製造**が始まりま
した。これは細長い鉄砲のような形をしているので「ガン
タイプ」と呼ばれましたが、別名として「やせた男」とい
うニックネームが付けられました。

　最初にやらなければならないのは、核分裂の元となるプ
ルトニウム -239 という核種を作ることです。これはサイク
ロトロンという加速器を使って作るのですが、最初はごく
微量しか作ることができず、とても爆弾に使える量は得ら
れませんでした。

　一方、原子炉の中でできるプルトニウムを抽出する方法
も試みられました。1944 年 4 月、ロス・アラモス研究所に
ある原子炉からプルトニウムを取り出すことに成功しまし

た。しかし、そのプルトニウムには問題があったのです。それは、原子炉で生成したプルトニウムの中には核分裂しないプルトニウム -240 という核種が多く含まれていて、ガンタイプの核兵器には向いていなかったのです。

　1944 年 7 月、オッペンハイマーはガンタイプをあきらめ、他の方式を試みました。それは「インプロージョン型」（爆縮型）と呼ばれているもので、プルトニウムを球形に配置し、その外側に並べた火薬を同時に爆発させてプルトニウムを一瞬で均等に圧縮して爆発させる方法でした。翌月、オッペンハイマーは、このインプロージョン型に集中するため、ロス・アラモス研究所の組織を作り替えました。ただ、このインプロージョン型の爆弾はプルトニウムにしか使えず、ウランを用いた核爆弾には使えませんでした。

　そこで彼は、ガンタイプの装置の開発も並行して進めました。これは、ウラン 235 という核種を使ったシンプルなデザインのものでした。そしてこの爆弾は 1945 年 2 月に「リトルボーイ」と名付けられました。これが不幸にも、その半年後に広島に落とされた原子爆弾です。

　一方、プルトニウムを使ったインプロージョン型の爆弾も同じ月に完成し、「ファットマン」（太った男）というニックネームが付けられました。これが、後に長崎に落とされた爆弾です。

1945 年 5 月、原爆の科学的、政治的な提言

　さて、そんな核爆弾開発プロジェクトが進む中、1945 年 5 月、原子核エネルギーに関し、戦争中および戦後の戦略を提言しレポートするための中間委員会が組織されました。中間委員会の科学者としてのメンバーは、**アーサー・コンプトン**（7 章）、**エンリコ・フェルミ**（8 章）、**アーネスト・ローレンス**（1901-1958）、オッペンハイマーらです。

　この中間委員会において、これらの科学者たちは、原子

爆弾の物理的な面を提言するだけでなく、その政治的、軍事的効果についても提言しました。また、この科学者たちの提言は、「日本に対して原爆を使うかどうかということをソ連に事前に知らせるべきかどうか」、というような微妙な問題に関する意見も含んでいました。

1945年7月、核爆弾の実験に成功

さて、いよいよ核爆弾は完成し、実際にそれを使った実験を行なうことになりました。それは、1945年7月16日にロス・アラモス研究所から近い、ニューメキシコ州のアラモゴードという町で行なわれました。この実験に関して全責任を負ったオッペンハイマーは、緊張の面持ちで実験を見つめました。彼は実験の最中、ほとんど息をすることができないほど、緊張していたのです。彼は自分自身を落ち着かせるため、柱にしがみつきました。最後の数秒間、彼はまっすぐに前を見つめました。「今だ！」とアナウンスされたとき、恐るべき突風と閃光があり、そのあと爆音がとどろき渡ったのです。そのとき彼の顔は、緊張から解放されて安堵の表情に変わったのでした。

1945年8月、実験から1か月も経たないうちに広島、長崎に投下される

ところが、事態は悪い方向に向かいます。アメリカ陸軍はそれからわずか1か月もたたないうちに、その爆弾を実際に日本に対して使用することにしたのです。

広島に原爆が落とされた1945年8月6日、その日はちょうどオッペンハイマーらは会議の最中でした。この会議でオッペンハイマーは、ドイツのナチに対して原爆を使うことが間に合わず、結果として日本に原爆が使われたことに対して、後悔の念を吐露しました。ところがその3日後、今度は長崎に原爆が落とされたのです。これにはオッペンハイマーだけでなく、多くの科学者たちは、動揺しました。彼らは軍事的側面から考えても、原爆投下はありえないと考えていたからです。

核兵器禁止を訴える

オッペンハイマーは8月17日にワシントンに飛びました。

その目的は、陸軍長官のヘンリー・スティムソンに、**核兵器に対する彼の嫌悪と核兵器の禁止を望む**ことを伝える手紙を手渡すことでした。さらに、その年の10月、オッペンハイマーは、トルーマン大統領に会い、同様のことを伝えました。しかし原爆投下の正当性を主張するトルーマン大統領との会談はかみ合わず、その会談は決裂し、オッペンハイマーの発言はトルーマンを激怒させてしまいました。

ただ、トルーマン大統領は、オッペンハイマーのロス・アラモスにおける科学的功績は評価していたようで、1946年、オッペンハイマーに「アメリカ合衆国勲章」（Medal for Merit）を与えています。

戦後、広島と長崎への原爆投下によって、マンハッタン・プロジェクトは世界の人々の知るところとなりました。オッペンハイマーはマンハッタン・プロジェクトを指揮した重要人物として多大の責任があるため、多くの批判を浴びました。一方で、アメリカ国内では、現代でも日本への原爆投下を正当化する意見も多くあることからわかる通り、オッペンハイマーの科学的な功績を評価する声も多くありました。

オッペンハイマーは、戦後のアメリカにおいて、核エネルギーの利用に関して、人々に説明する「スポークスマン」的存在にもなりました。つまり新しいタイプのエネルギーに関する象徴的な存在になったと言えます。彼は有名人となり、Life and Time誌という雑誌の表紙を飾ったりしました。

戦後、優秀な科学者を集めて基礎研究を続ける

1945年11月、オッペンハイマーはロス・アラモスを後にし、カリフォルニアの大学に戻りました。しかし彼自身は、彼の心が、すでに大学での教育から離れていることに気づ

いていました。1947年、彼はニュージャージー州にあるプリンストンの先端科学研究所の部長ポストを受け入れました。そのポストは恵まれており、1期2万ドルという破格の給与と無料の高級住宅が与えられました。この住宅は、17世紀の農園主のもので、料理人、庭師などがついて、森に囲まれた265エーカー（107ヘクタール）という豪華なものでした。

　プリンストンの高等研究所の所長として、オッペンハイマーは、力量のある科学者をさまざまな学問分野から集め、当時の最も関心のある科学のテーマについて研究を行ないました。また、同じ研究所にいた晩年のアインシュタインとも当然ながら交流がありました。

アインシュタインとオッペンハイマー

　このとき、オッペンハイマーが集めたメンバーとしては、核物理の分野では中国人の Chen-Ning Frank Yang（楊振寧：1922-）と Tsung-Dao Lee（李政道：1926-）がいます。この2人は、パリティーの非保存に関する業績で1957年のノーベル物理学賞を受賞しています。

　彼はまた、トマス・エリオット（1888-1965）やジョージ・ケナン（1904-2000）といった人文科学系の学者を集めて研究を行なっています。エリオットは、イギリスの詩人・劇作家、ケナンはアメリカの政治学者・歴史家であり、核物理学者のオッペンハイマーが集めたメンバーとしては極めて異色でした。

　オッペンハイマーは、もともと文学などの素養があり、研究所において、自然科学者と人文科学者が融合して研究

を行なうことの重要性をいち早く理解した人だったのです。

このように純粋な基礎研究に戻ったオッペンハイマーは、上記の研究以外にも、核物理学において戦前からの大きな問題にも挑みました。それは、**素粒子間に働く強い相互作用**、つまり核力に関する問題です。強い核力をつかさどる粒子としてパイ中間子の存在は、すでに日本の**湯川秀樹**（1907-1981：中間子理論の提唱により1949年ノーベル物理学賞受賞）によって提唱されていました。これに対して、オッペンハイマーのグループの**ロバート・マーシャク**（1916- 1992）は、パイ中間子には二種類あるとする仮説を提示しました。ひとつはパイオンと呼ばれ、もうひとつはミュオンと呼ばれる粒子ですが、これらの粒子は後に実際に発見され、この仮説が正しいことが証明されました。

戦後、核物理学者の重要性が高まり、再び政治に巻き込まれる

以上のように、基礎研究に戻り、再び華々しい成果をあげつつあったオッペンハイマーでしたが、一方では、戦後の米ソ冷戦にからんで、政治の荒波にもまれ始めます。戦後のアメリカでは核物理学者が注目を浴びるようになりました。というのは、米ソの冷戦が始まり、核開発競争が激化するにつれて、世界の多くの国は、核兵器の戦略的、政治的重要性を感じ始め、そのために、核物理学者の力が必要と考えたからです。

国際機関の必要性を訴える

このような状況で、核物理学者として世間の注目を集めていたオッペンハイマーは、他の多くの科学者と同様に、**核兵器から我々を守るためには、核物資の管理を、新たに創設された国際連合のような国家間の組織によって行なうべきであると考えていました。**

また、トルーマンが作った委員会の諮問委員のメンバーとして、オッペンハイマーは「**アチソン—リリエンソール報告**」の作成に重要な役割をはたしました。このレポートは、

1946年3月にアメリカのトルーマン大統領に提出された「原子力国際管理に関する報告」のことで、その委員会の委員長であるアチソン国務次官と、諮問委員会の委員長であるリリエンソールの名を冠してこのように通呼ばれています。

この報告書では、**「国際原子力機関をつくり，それが各国の原子力施設を所有し，運営する」**という革新的な構想が示されました。つまり、原子力の平和利用と軍事利用は、分けられないこと、したがって、核分裂物質の採取・加工等のすべてを新たにつくられた国際的な組織が管理し、各々の国や企業がこれを行なうことを禁ずる、というものでした。この精神は、今日の**国際原子力機関（IAEA）**などの国際機関に受けつがれています。

前述の通り、オッペンハイマーはすでに戦前からFBIによってその行動を監視されていました。というのは、彼は共産主義に対してシンパシーを持っており、彼自身や彼の妻、兄などの親族も共産党員と親しかったからです。特に1940年代初期から、彼はいっそう厳しい監視下におかれていました。彼の家やオフィスは盗聴され、電話も盗聴され、彼の手紙は開封して読まれました。

1949年6月、オッペンハイマーは、非米活動委員会という委員会の席で、1930年代に自分が共産党とかかわりを持っていたことを認める証言をしました。彼はまた、彼と一緒に仕事をした学生の何人かが共産党員であったことも認めました。また、兄のフランクと妻のジャッキーも委員会の席で共産党だったことを認める証言をしています。フランクはそのことで、ミネソタ大学を解雇されてしまいました。その後フランクは、長年物理の仕事を見つけることができず、コロラド州の牧場主をして食いつなぎ、後に高等学校で物理を教えるなど、苦難の人生を歩みます。

オッペンハイマーが共産党と通じているという情報は、オッペンハイマーと敵対関係にあったルイス・シュトラウス（1896-1974）にももたらされました。シュトラウスは、原子力委員会のコミッショナーで、ずっとオッペンハイマーに対して憤りの感情を抱いていた人です。というのは、オッペンハイマーが水爆に反対する活動をしていたことと、放射性同位体の輸出に関する議会の討論で、オッペンハイマーがシュトラウスを侮辱したことがあったからでした。

戦後の「赤狩り」との闘い

戦後の1950年代は、米ソ冷戦を背景に、いわゆる「赤狩り」がさかんに行なわれました。これは、赤狩りを推進した上院議員のジョセフ・マッカーシーにちなんで、「マッカーシズム」と呼ばれ、当時の共産党員や共産党員と疑われた者を排除する動きです。1954年の3月、当時のアイゼンハワー大統領は原子力委員会の委員長であるシュトラウスから水爆実験に関する報告書を受け取りました。オッペンハイマーが水爆実験に反対していることを苦々しく思っていたシュトラウスは、これまでのオッペンハイマーの数々の罪状をあげ、彼の秘密取扱許可を取り消すように求めました。これに対して、オッペンハイマーは聴聞（ヒアリング）をすることを要求しました。

ヒアリングは1954年4月から5月にかけて行なわれ、そこではオッペンハイマーの過去の共産党との係り、つまりスパイ疑惑と、マンハッタン・プロジェクト中の疑わしい行動などを中心に行なわれました。その結果、原子力委員会はこれらの告発にもとづき、オッペンハイマーを機密安全保持疑惑により休職処分としました。これは事実上の公職追放です。オッペンハイマーの私生活は、戦前に引き続いて、FBIの監視下におかれるようになってしまいました。このヒアリングは非公開で行なわれたため、その結果は公表されることはありませんでした。

　ところが最近になって、これらのオッペンハイマー追及の詳細が少しずつわかってきました。2009年5月、アメリカのウィルソン・センター（Woodrow Wilson Institute）で行なわれたセミナーにおいて、旧ソ連の国家保安委員会（KGB）のアーカイブにあったノートの詳細な分析が報告されたのです。

　その中で、オッペンハイマーは、決してソ連のスパイではなかったことが確認されました。ソ連の情報機関・秘密警察であるKGBは、繰り返しオッペンハイマーをソ連に雇おうと試みましたが、彼はこれを拒否し、実現しませんでした。しかも彼は、ソ連にシンパシーを持つ何人かの科学者をマンハッタン・プロジェクトから排除したのでした。オッペンハイマーは、決してアメリカを裏切らなかったのです。また、米国エネルギー省は、つい最近の2014年10月になってはじめて、オッペンハイマーのヒアリングに関するすべての文書を公開し、オッペンハイマーの疑惑は晴れることとなりました。

　1954年、50歳の若さで公職追放され無職となったオッペンハイマーは、アメリカ領バージン島にあるセント・ジョン島で過ごしました。そして1957年、彼は2エーカー（0.81ヘクタール）の広い土地をその島のギブニー・ビーチに買い、その海岸に質素な家を建てました。彼は娘のトニーと妻のキティーと一緒にセーリングなどをして大いに楽しんだそうです。

核兵器を脅しに使う外交を拒否
　そんな政治的な力を奪われたオッペンハイマーでしたが、科学や人類危機に対して思いをはせ、積極的な講演や執筆活動に取り組みました。オッペンハイマーは1955年、『The Open Mind』という本を出版しました。それは、核兵器と大衆文化に関して1946年から行なった8つの講演をまとめ

たものでした。オッペンハイマーは核兵器を脅しに用いた外交を明確に拒否しています。彼は言います。

「外交の分野に関して、核兵器を使った威圧や弾圧は、決して成功するものではない」

　また彼はヨーロッパと日本を旅行し、その中で科学の歴史、社会における科学の役割、宇宙の性質などについて講演しました。1957年9月、フランス政府からレジオン-ドヌール勲章を与えられ、1962年5月、イギリスの王立科学協会の外国人会員に選出されるなど、オッペンハイマーは徐々に名誉を回復していきます。ついにアメリカ政府も彼の業績を認め、ケネディ大統領は1963年、彼にエンリコ・フェルミ賞を授与しました。ただそれは、オッペンハイマーの名誉回復のための政治的なジェスチャーに過ぎなかったかもしれません。本格的な名誉回復は、先に述べた通り彼の死後、2000年代に入ってからの文書公開を待たなければなりませんでした。

　オッペンハイマーは、チェインスモーカーだったため、1959年には咽頭ガンの診断を受けました。ちょっとした手術を受けたのち、放射線治療を受けましたがあまりうまくいきませんでした。そのため、それ以後の彼の健康状態は思わしくありませんでした。そして1967年2月15日に昏睡状態に陥り、2月18日、ニュージャージー州プリンストンの自宅において62歳で亡くなりました。

　彼の死の1週間後、プリンストン大学キャンパスのアレキサンダーホールで追悼式が行なわれましたが、その式には600人の科学者、政治家、軍の関係者が集まりました。その中には、ベーテ、グローブ、ケナンや、兄のフランクと残された家族もいました。さらに、歴史家や小説家などの文化人、ニューヨーク市の長官などの役人や政治家もお

り、彼の多彩な才能と激動の人生を象徴するかのようでした。

◇◇

　以上のように、オッペンハイマーの研究者人生は、原子や分子、相対論的量子力学、化学結合、宇宙線など多岐にわたる基礎研究としてスタートし、数多くの成果をあげました。

　ところが、第二次世界大戦の勃発により、彼の研究者人生は一変します。それまで、大きなプロジェクトを統括するという経験がなかったオッペンハイマーでしたが、幅広い教養と知識をベースに、彼はいかんなく指導力を発揮します。そして原爆製造の**「マンハッタン・プロジェクト」**は一気に進み、最終的には軍による広島、長崎への原子爆弾投下につながってしまいました。

　さらに、戦後の米ソ冷戦下における核開発競争の波にももまれ、ソ連とのつながりを疑われるなど、研究者としてはさんざんな目に遭います。アメリカにおいては彼の名誉は回復されましたが、いまだに一般には、彼は「原子爆弾の父」というありがたくない汚名を着せられています。

　心の中では葛藤があったのでしょう。戦後、彼が行なった核兵器反対や人類の危機に関するさまざまな活動が、そのことを物語っています。

◇◇

おわりに

　以上、核分裂の発見と、それに関連する研究にかかわった 10 人の科学者を取り上げ、その生涯について述べてきました。

　最初は核分裂という現象がどのように発見されたかという、純粋な科学史的興味により、第 1 章のプランクから書き始めました。しかし、だんだんと書き進めるうちに、科学者と戦争、科学者と政治のかかわり、といった社会的な問題に話がシフトしていきました。

　それは核分裂が発見された 1938 年という年が、不幸にして第二次世界大戦前夜だったということが原因です。

　冒頭で述べた通り、「核分裂」という現象は、科学の歴史においてあまりにも「早く発見されすぎた」ため、核兵器や原発事故などの問題が解決できず、人類は「核分裂」を正しく使うことがまだできていません。いつの世にも、科学技術は私たちの生活を便利にするものであるべきです。

　一方で、科学の歴史を紐解いてみると、科学技術が軍事研究によっても進歩してきたことも事実です。古代ギリシャのアルキメデスは、カタパルトという投石器を発明するなど軍事研究に携わっています。またイタリア・ルネッサンスの巨匠、レオナルド・ダ・ヴィンチも、扇状に並べた機関銃などの兵器を開発しています。近代においても、コンピュータやレーダーなど、もともと兵器として開発され、それによって進歩してきた技術も数多くあります。

　残念ながら核分裂という世紀の大発見も、私たちの生活を便利にする前に、第二次世界大戦という戦争に使われてしまいました。それは一人の科学者によってなされたわけではなく、数多くの科学者、技術者、政治家、実業家などが複雑に絡み合った結果と言えます。本書に取り上げた 10 人の科学者は、もともと戦争とは関係のない基礎研究で優れた業績をあげた人たちです。けれども、結果としてその成果が私たちの役に立つ前に、戦争に使われてしまいました。

　そのことに対する科学者の責任はどうなのでしょうか？

このような大きな問題に関して、浅学の著者がここで自説を述べるつもりはありません。ただ次のことは言えると思います。

　現代は、宇宙、バイオ、情報、AI、ロボットなど、科学技術の進歩が速く、これらはすぐに私たちの役に立つ技術として応用されます。一方では、これらの技術を使った軍事研究も各国で行なわれており、一部はすでに実際に紛争や戦争に使われています。これらの技術が戦争に使われたときのインパクトは、核分裂と同様に、いやそれ以上に大きくなっています。

　このような科学技術というものは、いったん人類が手に入れた以上は、放棄することは困難です。核エネルギーや放射線も、たとえ「早く発見されすぎた」としても、これからも人類の平和、繁栄、福祉に役立つように使っていかなくてはならず、そのための基礎研究の継続は必要です。ですから、基礎研究に携わる研究者も、みずからの研究成果がどのように応用されるかという点に関して、決して無関心ではいられなくなっています。このことは、単に研究者だけでなく、技術者、政治家、実業家、そして多くの一般の人々にとっても同様に重要な問題です。

　本書は、核分裂の発見の前後にかかわった10人の科学者の業績や生き様を、単に伝記風にたどったものにすぎません。けれども、10人の科学者が何を考え、何を悩んでいたかを知ることにより、「科学技術を戦争ではなく、いかにして人類に役立つものに使うか」という大きな問題を考えるヒントになれば幸いです。

馬場　祐治

参考文献

ラザフォード—20世紀の錬金術師(現代の科学〈6〉)	エドワード・N.C.アンドレード,三輪光雄 訳	河出書房 (1967)
自然科学者(亡命の現代史3)	レオ・シラード,広重徹 訳	みすず書房 (1972)
現代物理学をつくった人びと	B.L.クライン,柴垣和三雄 他訳	東京図書 (1977)
オッペンハイマー—科学とデーモンの間	村山磐	太平出版社 (1977)
オットー・ハーン自伝	オットー・ハーン,山崎和夫 訳	みすず書房 (1977)
世界の大発明・大発見・探検 総解説	平田寛 他編	自由国民社 (1980)
シラードの証言	レオ・シラード,伏見康治 訳	みすず書房 (1982)
原爆の父オッペンハイマーと水爆の父テラー—悲劇の物理学者たち	足立寿美	現代企画室 (1987)
物理学の歴史	竹内均	講談社 (1987)
核分裂を発見した人—リーゼ・マイトナーの生涯	シャルロッテ・ケルナー,平野卿子 訳	晶文社 (1990)
原子理論と自然記述	ニールス・ボーア,井上健 訳	みすず書房 (1990)
プランク(人と思想)	高田誠二	清水書院 (1991)
古典物理学を創った人々——ガリレオからマクスウェルまで	エミリオ・セグレ,久保亮五／矢崎裕二 訳	みすず書房 (1992)
オッペンハイマー—原爆の父はなぜ水爆開発に反対したか	中沢志保	中央公論社 (1995)
ロバート・オッペンハイマー 愚者としての科学	藤永茂	朝日新聞出版 (1996)
ハイゼンベルク	村上陽一郎	講談社 (1998)
部分と全体—私の生涯の偉大な出会いと対話	W.K.ハイゼンベルク,山崎和夫 訳	みすず書房 (1999)
物理学の20世紀	「科学朝日」編	朝日新聞社 (1999)
マックス・プランクの生涯—ドイツ物理学のディレンマ	John L. Heilbron, 村岡晋一 訳	法政大学出版局 (2000)
原子力は誰のものか	ロバート・オッペンハイマー,美作太郎／矢島敬二 訳	中央公論新社 (2002)
科学史年表	小山慶太	中央公論新社 (2003)
リーゼ・マイトナー—嵐の時代を生き抜いた女性科学者	R.L.サイム,米沢富美子(監修),鈴木淑美 訳	シュプリンガーフェアラーク東京 (2004)
物理学者たちの20世紀 ボーア、アインシュタイン、オッペンハイマーの思い出	アブラハム・パイス,杉山滋郎／伊藤伸子 訳	朝日新聞社 (2004)
エンリコ・フェルミ—原子のエネルギーを解き放つ(オックスフォード科学の肖像)	ダン・クーパー,オーウェン・ギンガリッチ（編）,梨本治男 訳	大月書店 (2007)
異色と意外の科学者列伝	佐藤文隆	岩波書店 (2007)

オッペンハイマー 上・下「原爆の父」と呼ばれた男の栄光と悲劇,	カイ・バード, マーティン・シャーウィン, 河邉俊彦 訳	PHP研究所 (2007)
物理学に生きて—巨人たちが語る思索のあゆみ	W. ハイゼンベルク, E.M. リフシッツ, P.A.M. ディラック, E.P. ウィグナー, H.A. ベーテ, O. クライン, 青木 薫 訳	筑摩書房 (2008)
現代物理学の思想	W.K. ハイゼンベルク, 河野伊三郎 / 富山小太郎 訳	みすず書房 (2008)
Lise Meitner and the Dawn of the Nuclear Age	Patricia Rife	Birkhaeuser Boston; 2nd printing 2006 (2010)
科学史年表 増補版	小山慶太	中央公論新社 (2011)
ノーベル賞でたどる物理の歴史	小山慶太	丸善出版 (2013)
コペンハーゲン精神	小野健司	仮説社 (2013)
科学史人物事典　150 のエピソードが語る天才たち	小山慶太	中央公論新社 (2013)
人間と原子力 "激動の75年"—原子爆弾・原子力発電・放射線被曝	國米 欣明	幻冬舎ルネッサンス (2013)
入門 現代物理学　素粒子から宇宙までの不思議に挑む	小山慶太	中央公論新社 (2014)
科学者は戦争で何をしたか	益川敏英	集英社 (2015)
ヒトラーの科学者たち	ジョン・コーンウェル, 松宮克昌 訳	作品社 (2015)
ボーア革命　原子模型から量子力学へ	江沢洋	日本評論社 (2015)
原子・原子核・原子力　—わたしが講義で伝えたかったこと	山本義隆	岩波書店 (2015)
ハイゼンベルク (人と思想),	小出昭一郎	清水書院 (2016)
アインシュタインとヒトラーの科学者	ブルース J. ヒルマン他, 大山晶 訳	原書房 (2016)
届かなかった手紙 原爆開発「マンハッタン計画」科学者たちの叫び	大平一枝	KADOKAWA (2017)
核分裂発見から80 年 原子力のあゆみ < 激動の80 年を超えて > 地上に太陽の火を	國米欣明	幻冬舎 (2018)
Enrico Fermi: The Obedient Genius,	Giuseppe Bruzzaniti, Ugo Bruzzo (英訳)	Springer; Softcover reprint of the original 1st ed. 2016 (2018)
世界と科学を変えた５２人の女性たち	レイチェル・スワビー, 堀越英美 訳	青土社 (2018)
X 線からクォークまで——20 世紀の物理学者たち	エミリオ・セグレ, 久保 亮五 / 矢崎裕二 訳	みすず書房 (2019)

写真の出所:151 ページ「オッペンハイマー」肖像 (米国ロスアラモス国立研究所)、他に章扉、本文中における科学者たちの写真は Wikipedia Commons に拠ります。

馬場　祐治（ばば・ゆうじ）

日本原子力研究開発機構　研究嘱託
1953 年生
東京大学理学部卒業
日本原子力研究所（現：日本原子力研究開発機構）に勤務
同機構　研究主幹
兵庫県立大学　客員教授
佐賀大学　非常勤講師
などを経て現職
理学博士

著書
『元素よもやま話　―元素を楽しく深く知る―』本の泉社　2016 年
『エックス線物語　―レントゲンから放射光、X 線レーザーへ―』本の泉社　2018 年

核エネルギーの時代を拓いた 10 人の科学者たち

2020 年　7 月　9 日　　　　　初版発行

著　者……馬場　祐治

カバー・デザイン……太田公士（夢玄工房）

印刷……株式会社 文昇堂
製本……根本製本株式会社

発行人……西村貢一
発行所……株式会社 総合科学出版
　　　　　〒101-0052　東京都千代田区神田小川町 3-2　栄光ビル
　　　　　TEL：03-3291-6805（代）
　　　　　URL：http://www.sogokagaku-pub.com/

電池BOOK ケータイから自動車、そして家庭・地域の電気まで

神野将志　本体価格 2000 円＋税

ISBN978-4-88181-876-3

図表とやさしい解説でわかる
エネルギー革命の基本と最前線！

──2019年、リチウムイオン電池で
ノーベル化学賞:吉野彰氏受賞!──

ボルタ電池からリチウムイオン電池・全固体電池、フロー電池、
燃料電池、太陽電池、原子力電池、そしてキャパシタまで
現代を支える電池を大きく進化させた日本の研究開発！
欧米、中国、韓国らの猛追を突き放して「電池立国日本」はなるか？

<主な目次>

<著者略歴>神野将志（じんの·まさし）

名古屋大学大学院卒業後、特許庁入庁。審査官として、有機化学、電気化学の審査を担当し、2019 年から審判官として有機化学、食品関係の審判を担当し、現在に至る。その間、北京大学大学院へ留学し修士課程を修了。日本知財学会員。平成 29 年度のリチウム二次電池の技術動向調査の担当をした際、今後、エネルギーを生み出す、蓄えることに関する分野の発展が大切だと再認識し、理科が苦手な人でも読みやすい本を出して、より多くの人にこの分野に親しんでもらおうと考える。